全国高职高专化学课程"十三五"规划教材

有机化学实验技术

（第二版）

主　编　徐惠娟　龙德清　王　欣
副主编　吕晓姝　杨　哲　李邦玉　冯婷婷
　　　　张　爽
参　编　蔡　静　叶　润　袁海涛　孙　伟
　　　　曹智启　张启明　吴　新　张　立
　　　　钟　飞

U0279025

华中科技大学出版社
中国·武汉

内 容 提 要

本书内容共分五个模块：有机化学实验的基本知识；有机化学实验操作技术实训；有机化合物制备及合成实验；有机化合物的性质实验；创新性实验。

模块一，有机化学实验的基本知识，以介绍有机化学实验基本要求和实验室管理制度为重点，要求学生熟知实验安全的重要性。

模块二，有机化学实验操作技术实训，以介绍有机化学实验的基础知识、基本操作、基本技能为重点，要求学生掌握有机化学实验过程中药品、仪器的正确使用方法，掌握有机化学实验的分离、提纯、制备和合成的操作方法。

模块三，有机化合物制备及合成实验，以介绍几种有机化合物的制备内容为主，使学生掌握不同的制备方法和操作技能，以提高学生的动手能力。

模块四，有机化合物的性质实验，介绍几种有机化合物元素定性分析方法和不同有机化合物的性质实验，使学生通过实验加深对有机化合物的性质的理解，并掌握有机试剂的正确使用方法。

模块五，创新性实验，介绍生活中颇具创意的彩色固体酒精、"香味肥皂"等的制备，培养学生的创新意识和创新能力。

总之，为了培养学生分析、动手能力，进一步提高实验课的质量，本书内容广泛，适用性强，既具有独立体系，便于单独授课，又可与理论教学配套使用。

本书可供高职高专化工、制药、生物、环境类专业学生使用。

图书在版编目（CIP）数据

有机化学实验技术/徐惠娟，龙德清，王欣主编.—2版.—武汉：华中科技大学出版社，2020.1
全国高职高专化学课程"十三五"规划教材
ISBN 978-7-5680-5937-4

Ⅰ.①有…　Ⅱ.①徐…　②龙…　③王…　Ⅲ.①有机化学-化学实验-高等职业教育-教材
Ⅳ.①O62-33

中国版本图书馆 CIP 数据核字（2019）第 299989 号

有机化学实验技术（第二版）　　　　　　　　　　徐惠娟　龙德清　王　欣　主编

Youji Huaxue Shiyan Jishu(Di-er Ban)

策划编辑：王新华

责任编辑：丁　平　王新华

封面设计：刘　卉

责任校对：刘　竣

责任监印：周治超

出版发行：华中科技大学出版社（中国·武汉）　　　电话：(027)81321913
　　　　　武汉市东湖新技术开发区华工科技园　　　邮编：430223

录　　排：华中科技大学惠友文印中心

印　　刷：武汉科源印刷设计有限公司

开　　本：787mm×1092mm　1/16

印　　张：9.75

字　　数：230 千字

版　　次：2020 年 1 月第 2 版第 1 次印刷

定　　价：29.80 元

第二版 前言

本书是依据《教育部财政部关于实施国家示范性高等职业院校建设计划加快高等职业教育改革与发展的意见》《教育部关于全面提高高等职业教育教学质量的若干意见》和《关于进一步加强高技能人才工作的意见》的精神，在华中科技大学出版社的精心组织下编写的适合高等职业院校培养高技能应用型人才的相关理论教材的配套实验教材，2013年第一次出版，2019年修改后再版。

有机化学实验技术是生物与化工、食品药品、资源环境、能源与材料、医药卫生、农林牧渔类等相关高职专业的一门重要基础实验课。通过对本书的学习应用，学生应能掌握有机化学实验的基本知识和操作技能。本书突出高职教学特点，注重对基本操作技能的训练，符合高职学生的认知规律，在编写时着重以下几点。

（1）在内容安排方面，适合高等职业院校的教学需要。本着"够用、实用、适用"的原则，精选内容，注重使学生掌握实验过程中的基本实验原理和基本操作方法。

（2）本书是基础实验课教材，十分注意突出基础性，所选取的内容重视基本操作，并通过有机化合物制备进行反复训练，以期达到使学生基本操作规范化的目的。

（3）根据有机化学实验内容的特点和要求，本书在教学的整体上按照循序渐进的原则，以基本操作训练入手，由浅入深，由易到难，由简单到综合，分阶段、有层次地对学生进行训练和培养。

（4）本书注重对学生的创新能力的培养，在极具趣味性的实验中，由一点一滴入手，培养学生的创新意识和创新能力。

本书取材广泛，是在汲取部分院校实验教学的成熟经验和参编者多年来从事有机化学实验教学研究的基础上编写修改而成的，其目的是为采用本书的院校提供更多的选择。

本教材第二版由徐惠娟、龙德清、王欣主编，由吕晓姝、杨哲、李邦玉、冯婷婷、张爽担任副主编。参加编写的人员有：辽宁科技学院徐惠娟、吕晓姝；汉江师范学院龙德清；信阳农林学院王欣、蔡静、叶润、孙伟；营口职业技术学院杨哲；苏州市职业大学李邦玉；濮阳职业技术学院冯婷婷；陕西国际商贸学院张爽；辽宁冶金职业

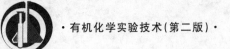

技术学院袁海涛;广东岭南职业技术学院曹智启;安庆医药高等专科学校张启明、吴新、张立;荆州理工职业学院钟飞。

本书的出版,得到华中科技大学出版社的大力支持,在此表示感谢。由于编者的水平、经验有限,书中难免有疏漏和不足之处,恳请同行和读者不吝指正。

编 者

目 录

模块一

有机化学实验的基本知识

1.1 有机化学实验目的

有机化学是一门以实验为基础的自然科学,包括有机化学理论和有机化学实验两大部分。有机化学的理论、原理和规则等都是在人们实践的基础上产生和发展起来的。有机化学的发展同有机化合物的合成、分离、提纯及鉴定等实验研究紧密相连,正是在大量实验研究的基础上,才建立了有机化学理论,形成了有机化学学科。因此,有机化学实验是有机化学的重要组成部分,有机化学理论和有机化学实验是相辅相成、不可分割的。

近两个世纪以来,有机化学不仅形成了2000多万个有机化合物的庞大家族及相应的产业体系,也为材料科学、生命科学、医药学以及环境科学等多个学科的发展提供了原料物质、技术支持和理论依据,而这一切都得归功于有机化学实验知识的应用。因此,有机化学实验技术的教育,在高等院校的生化与药品、化工技术、制药技术、生物技术以及化学生物教育等高职高专类专业的教学中占有十分重要的地位,是培养高素质技能型专门人才的重要教学内容。

在高等院校的高职高专类专业中开设有机化学实验技术课程的主要教学目的如下。

(1)掌握有机化学实验的基本知识和基本操作技术。

(2)掌握有机化合物的合成(制备)实验技术、性质实验技术,熟悉有机化合物的分离、提纯和鉴定的常用方法与技术。

(3)掌握有机化学实验常用仪器的使用方法和保养方法。

(4)培养初步查阅文献以及撰写合格、规范的实验报告的能力。

(5)培养良好的实验习惯和实验工作方法,实事求是和严谨的科学态度,以及由实验结果总结出理论规律的思维方法和推理能力。

(6)培养观察实验现象、记录实验过程以及分析问题和解决问题的能力。

1

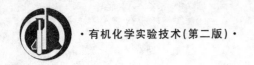

1.2 有机化学实验室规则

为了培养良好的实验工作方法和实验习惯以及严谨的科学态度,确保有机化学实验能够正常、有序、安全地进行,保证提高实验教学质量、按时完成实验教学任务,学生必须遵守下列有机化学实验室规则。

1. 充分准备

进入有机化学实验室前,要掌握有关有机化学方面的基础知识,了解实验室的注意事项、有关规定以及事故处理办法和急救常识,熟悉实验室环境,了解灭火器材、急救药箱的位置。在实验前,要认真预习有机化学实验教材,明确实验目的、要求和步骤,了解实验原理和内容,认真撰写预习报告,否则不得进行实验。

2. 认真操作

实验时,应该全神贯注、认真操作、细致观察、积极思考,不得喧哗,不得擅自离开实验室。要科学地安排时间,及时、如实地记录实验现象和数据,对反常现象要做出合理解释,对存在的问题要提出改进意见。实验后,要认真撰写实验报告,实验报告要求条理清楚、结论明确、文字简练、书写工整、绘图规范。此外,合成实验完成后,还应计算产率,并将产物贴好标签后交给指导教师。

3. 注意安全

实验时,必须严格遵守安全守则,按照规定的步骤、试剂的用量认真进行实验,如有更改,必须征得指导教师同意,以免发生意外事故;实验室内不准吸烟、吃食物,也不要将饮料带进实验室,要始终保持实验室的通风;不得穿背心、拖鞋进入实验室;实验结束后必须洗手,离开实验室时,应把水、电、煤气开关关闭。

4. 保持整洁

实验台面的仪器、试剂要摆得井然有序,实验装置要求整齐、美观;不得将固体废物或腐蚀性的液体倒入水槽,以保持水流畅通,实验后留下的有机物应倒入指定的收集容器内,废液、废物必须倒入指定地点;实验完毕后要将仪器洗净,放在指定位置,值日生切实负责整理公用器材,打扫实验室并检查水电设施。

5. 爱护公物

要爱护和保管好实验仪器,不得将仪器、药品带出室外,如仪器有损坏,要填写破损单,经指导教师签署意见后,方能换取新仪器,必要时应按学校的规定进行赔偿。公用器材用完后,立即归还原处,节约水、电及药品,注意仪器的保养和有关物品的回收。

1.3　有机化学实验要求

1.3.1　有机化学实验守则

（1）实验前，应认真学习有机化学及有机化学实验教材，具备基本的有机化学理论知识和实验常识，预习实验内容，检查仪器设备是否完好无损，做到心中有数。

（2）实验中，要遵守安全守则及实验操作中的安全注意事项；遵从实验教师指导，服从实验员管理，认真进行实验；保持实验室安静，爱护仪器设备，节约水、电及药品；不得擅离岗位、随意走动。

（3）实验后，当天值日生应倒掉废液缸中的废液，擦净实验台，认真拖扫地板，关闭水电和门窗。

1.3.2　实验预习

实验预习是做好实验的关键。实验前有充分的准备，就可以主动地、有条不紊地进行实验，避免"照方抓药"式实验的被动局面，减少或消灭实验事故，达到实验预期效果。实验预习对培养学生独立工作的能力十分有益，是做好实验的前提和基础。

实验预习时要认真阅读教材的有关内容，熟悉实验的目的要求、基本原理、操作步骤及注意事项，要清楚实验所需要的仪器设备、装置图、实验器材和实验工具等，要查阅相关文献，列出原料、中间体和产物的物理常数、化学性质及其毒性、腐蚀性和刺激性等，要计算出合成（制备）实验的理论产量，以便对整个实验内容做到心中有数。在预习的基础上，写出实验预习报告，其中，实验步骤要简明扼要，不要照抄书本。

预习报告的内容如下。

（1）实验名称、实验要求、实验目的。

（2）已配平的主、副反应方程式。

（3）仪器名称、实验装置图。

（4）各种原料的用量（质量或体积）及规格，主要原料及产物的物理常数，产物的理论产量。

（5）简明的实验步骤（可以用实验操作流程图表示）。

例如，乙酸乙酯制备的实验操作流程可用图 1-1 表示。

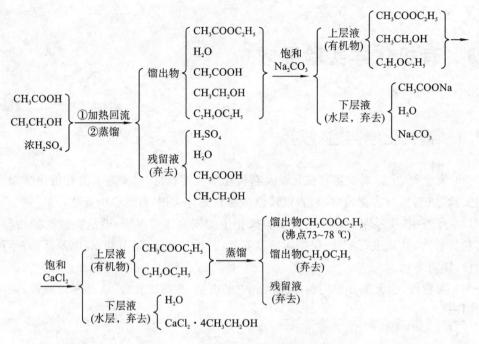

图 1-1 乙酸乙酯制备的实验操作流程

1.3.3 实验记录及实验报告

1. 实验记录

实验记录是实验的原始资料,是自己或他人今后重复本实验或验证本实验所得结论、规律的重要参考文献,是撰写实验报告、科技论文的第一手材料。写好实验记录是从事科学实验的一项重要训练和基本要求,有利于少走弯路、提高实验效率。

在实验过程中,实验者必须认真操作、仔细观察、积极思考,及时和如实地记录实验现象和所测得的数据,养成边进行实验边直接在实验记录专用本上记录的习惯,不能随意用零散纸张记录,更不能事后凭记忆补写"回忆录"。遇到反常现象,更要实事求是地记录下来,并把实验条件写清楚,以利于分析原因。原始记录如果写错可以用笔划去,但不能随意涂改。实验完毕,应将实验记录交给教师审阅后妥善保存。实验记录主要包括以下内容。

(1)基本情况:实验名称、日期、天气、室温;已配平的反应方程式。

(2)仪器与试剂:仪器名称、型号、厂家;试剂名称、规格、用量(质量或体积);反应物与产物的物质的量、相对分子质量,产物的理论产量。

(3)实验过程:反应操作时间(加料、反应开始、反应结束),温度变化,实验现象(反应放热或吸热情况,颜色变化情况,结晶或沉淀生成以及气体产生等情况),产物分离提纯的原理、方法及过程。

(4)实验结果:产物的实际产量及产率,产物的理化常数,如颜色、状态、熔点、沸点、溶解性、元素分析、质谱(MS)及必要的光谱(UV、IR、^{1}H-NMR)分析数据等。

2. 实验报告

在实验结束后,必须认真撰写实验报告。实验报告主要包括:总结实验进行的情况,分析实验中出现的现象及问题,整理实验数据,归纳实验结果等。写好实验报告是完成实验任务的一个重要环节,是把直接的感性认识提高到理性思维阶段的必要步骤,学习有机化学实验必须写好实验报告。实验报告的模式如下。

模式 A 有机化学合成实验报告

_____学校(学院)

有机化学实验报告

实验名称:_____

实验日期:_____年____月____日 室温:_____ 班级:____第____组

姓名:_____ 同组人:_____ 指导教师:_____

一、实验目的

二、实验原理(含主、副反应方程式)

三、仪器与试剂

1. 仪器名称及实验装置图

2. 试剂规格及物理常数

名称	规格	颜色、状态	熔点(m. p.)/℃	沸点(b. p.)/℃	相对密度	溶解性

四、实验步骤

1. 反应物的用量及产物的理论产量

名　　称	反应物 A 的用量	反应物 B 的用量	反应物 C 的用量	产物 D 的理论产量	产物 E 的理论产量
分子式					
相对分子质量					
物质的量/mol					
质量/g					
体积/mL					

2. 实验操作步骤流程图

3. 实验过程与记录

时间	操作步骤	现象	备注

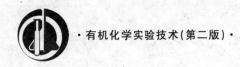

五、结果与讨论

1. 实验结果

中间体、产物及副产物的物理常数。

名称	颜色、状态	熔点(m.p.)/℃	沸点(b.p.)/℃	相对密度	产率/(%)	溶解性

2. 讨论

主要讨论注意事项、实验安全问题、成功关键、失败原因、影响产率的因素以及由实验结果总结得到的理论规律等。要注意实验报告应有个人特色,反映个人的实验技巧以及体会和思维的创造性。

特别值得一提的是,在有机合成实验结束后,要养成"贴好标签"的良好习惯,将实际测得的数据以及实验者和实验日期等写在标签上,在收集产物的样品瓶上贴好标签,交给指导教师。实验标签的参考格式见图1-2。

品名:乙酰苯胺
外观:无色片状晶体
熔程:113~115 ℃
产量:5.0 g
产率:67.6%
班级: 姓名:
年 月 日

品名:溴乙烷
外观:无色液体
沸程:37~39 ℃
产量:10.0 g
产率:73.5%
班级: 姓名:
年 月 日

图1-2 有机化学实验标签的参考格式

模式B 有机化学性质实验报告

_____学校(学院)

有机化学实验报告

实验名称:_____

实验日期:_____年___月___日 室温:____ 班级:____ 第____组

姓名:____ 同组人:____ 指导教师:____

一、实验目的

二、实验原理(含反应方程式)

三、仪器与试剂

1. 仪器名称

2. 试剂规格及物理常数

名称	规格	颜色、状态	熔点(m. p.)/℃	沸点(b. p.)/℃	相对密度	溶解性

四、实验步骤

时间	操作步骤	现象	备注

五、结果与讨论

主要讨论注意事项、实验安全问题、成功关键以及由实验结果总结得到的理论规律等。

1.3.4 实验产率的计算

有机化学合成实验的产率是实际产量与理论产量的比值。理论产量是根据反应方程式计算的、反应物全部转化为产物时的数量。实际产量简称为产量，是指实验中得到的纯品的数量（质量）。

[例 1-1] 在浓磷酸催化下，20 g 环己醇脱水得 12 g 环己烯，试计算产率（表 1-1）。

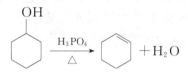

表 1-1 环己烯的产率

物 理 量	环 己 醇	环 己 烯
相对分子质量	100	82
物质的量之最小比	1 mol	1 mol
反应物质量	20 g	
物质的量	0.2 mol（20÷100）	0.2 mol
产物的理论产量		16.4 g（0.2×82）
产物的实际产量		12 g
产率	（12÷16.4）×100%＝73.2%	

有时为了提高产率，常常增加某一反应物的用量（过量），这时，应按实际用量与理论用量相比最少的反应物来计算理论产量。在有机化学合成实验中，由于反应物不一定反应完全，又常伴有副反应发生，同时在产物的分离及纯化时也会有一定损失，因此实际产量往往低于理论产量。

[例 1-2] 用 5 mL 新蒸苯胺（相对密度 1.02，5.1 g，0.055 mol）和 7.4 mL 冰醋酸（相对密度 1.05，7.8 g，0.13 mol）反应，合成了 5.0 g 乙酰苯胺，试计算产率（表 1-2）。

$$C_6H_5NH_2 + CH_3COOH \longrightarrow C_6H_5NHCOCH_3 + H_2O$$

表 1-2 乙酰苯胺的产率

物 理 量	$C_6H_5NH_2$	CH_3COOH	$C_6H_5NHCOCH_3$
相对分子质量	93	60	135
物质的量之最小比	1 mol	1 mol	1 mol
反应物体积	5 mL	7.4 mL	
反应物质量	5.1 g (5×1.02)	7.8 g (7.4×1.05)	
物质的量	0.055 mol (5.1÷93)	0.13 mol (7.8÷60)	0.055 mol
产物的理论产量			7.4 g (0.055×135)
产物的实际产量			5.0 g
产率	(5.0÷7.4)×100%＝67.6%		

1.4 有机化学实验安全

安全第一、预防为主,这是安全工作的一贯方针。有机化学实验的主要要求之一在于实验的安全问题必须得到足够的重视,以确保实验是符合安全要求的。为此,进行有机化学实验时必须遵守安全守则,符合实验安全操作要求。

1.4.1 危险有机化学试剂

化学试剂有化学危险品和非危险品之分,而大多数有机化合物属于化学危险品。根据常用化学试剂的危险性质可将化学危险品分为易燃、易爆和有毒药品三类,必须正确认识、使用和保管上述三类药品,严格遵守操作规程,以免发生意外事故。

1. 易燃化学药品

易燃化学药品可分为以下几类。

(1) 可燃气体,包括甲烷、一氯甲烷、一氯乙烷、乙烯、煤气、氢气、硫化氢、氧、二氧化硫、氨气、乙胺等。

(2) 易燃液体。一级易燃液体:丙酮、乙醚、汽油、环氧丙烷、环氧乙烷、二硫化碳、甲醇、乙醇等。二级易燃液体:吡啶、二甲苯、柴油、煤油、松节油等。

(3) 易燃固体,包括硝化纤维、樟脑、红磷、镁粉、铝粉、黄磷(自燃固体)、钾、钠及电石(遇水燃烧固体)等。

2. 易爆化学药品

(1) 易爆固体和易爆液体。其中,易爆有机化学药品有三硝基甲苯、硝化纤维素、硝化甘油、苦味酸、叠氮化钠等;易爆无机化学药品主要是指一些氧化剂,如氯酸钾、过氧化钠、高氯酸、高锰酸钾、过氧酸、重铬酸钾、硝酸铅、硝酸铵等。

(2) 易燃有机溶剂蒸气和易爆气体。某些易燃有机溶剂在室温时具有较大的蒸气压,当空气中混杂的易燃有机溶剂的蒸气达到某一极限时(表 1-3),遇到明火会发生爆炸。

表 1-3　易燃有机溶剂蒸气的爆炸极限

名称	乙醚	丙酮	苯	乙醇	甲醇
爆炸范围(体积分数)/(%)	1.9～36.5	2.6～12.8	1.4～7.1	3.3～19.0	6.7～36.5

某些气体与空气按一定比例混合时,遇到明火也会发生爆炸(表 1-4)。

表 1-4　易爆气体的爆炸极限

名称	氢气	一氧化碳	甲烷	乙炔
爆炸范围(体积分数)/(%)	4～74	13～74	13～45	3～80

此外,还有些有机物不仅其蒸气与空气或氧混合可形成爆炸混合物,而且在光或氧的作用下还可氧化成过氧化物(如乙醚、二氧六环、四氢呋喃等均可产生过氧化物),在加热时有可能发生爆炸。因此,在取用这类物质时,必须先检验有无过氧化物,若有过氧化物存在,则必须处理后才能使用。

3. 有毒化学药品

有毒化学药品根据其毒性的大小可以分为以下几类。

(1) 剧毒化学药品。包括氯苯、氰化钠、氢氟酸、氢氰酸、氯化氰、氯化汞、汞蒸气、砷化氢、光气、磷化氢、三氧化二砷、有机砷化物、有机磷化物、有机氟化物、有机硼化物、丙烯腈、乙腈等。

(2) 高毒化学药品。包括氟化钠、对二氯苯、甲基丙烯腈、二氯乙烷、三氯乙烷、偶氮二异丁腈、黄磷、五氯化磷、三氯化磷、五氧化二磷、三氯甲烷、溴甲烷、二乙烯酮、溴水、氯气、五氧化二钒、二氧化锰、二氯硅烷、三氯甲硅烷、苯胺、硫化氢、硼烷、氯化氢、氟乙酸、丙烯醛、乙烯酮、氟乙酰胺、碘乙酸乙酯、溴乙酸乙酯、氯乙酸乙酯、有机氰化物、芳香胺、叠氮化钠、砷化钠等。

(3) 中毒化学药品。包括苯、四氯化碳、三氯硝基甲烷、乙烯吡啶、三硝基甲苯、五氯酚钠、丙烯酰胺、环氧乙烷、环氧氯丙烷、烯丙醇、二氯丙醇、三氟化硼、四氯化硅、甲醛、甲醇、肼(联氨)、二硫化碳、甲苯、二甲苯、一氧化碳等。

(4) 低毒化学药品。包括三氯化铝、间苯二胺、正丁醇、叔丁醇、乙二醇、丙烯酸、甲基丙烯酸、顺丁烯二酸酐、二甲基甲酰胺、己内酰胺、对氯苯胺、硝基苯、三硝基甲苯、对硝基氯苯、二苯甲烷、苯乙烯、二乙烯苯、邻苯二甲酸、四氢呋喃、吡啶、三苯基磷、烷基铝、苯酚、三硝基酚、对苯二酚、丁二烯、异戊二烯、乙醚、丙酮等。

1.4.2　有机化学实验安全操作要求

(1) 进入实验室,应穿实验工作服,严禁赤脚或穿漏空的鞋子(如凉鞋或拖鞋)进入实验室,要熟悉实验室的水阀门、电源总开关、灭火器、消防沙箱或其他消防器材的位置;禁止在实验室内吸烟、饮食,严禁把明火带入实验室;实验室内不要存放大量易燃溶剂,储存少量溶剂时也必须密塞,切不可放在开口容器内,也不能放置在靠近电源的地方,应放在远离火源、阴凉、避光和通风处。

(2) 在进行有毒、有刺激性、有腐蚀性试剂的实验时,必须戴上防护眼镜、口罩、耐酸耐碱手套。开启装有腐蚀性物质(如硫酸、硝酸等)的瓶塞时,不能面对瓶口,以免液体溅出或腐蚀性烟雾放出造成伤害,也不能用力过猛或敲打,以免瓶子破裂;在搬运盛有浓酸的容器时,严禁用一只手握住细瓶颈搬动,防止瓶底裂开脱落;在取、用有毒和易挥发的化学药品(如硝酸、盐酸、二氯甲烷、苯等)时,应在通风良好的通风橱内进行,以免中毒。有中毒症状者,应立即转移到室外通风处。

(3) 取、用易燃易爆物品(如汽油、乙醚、丙酮等)时,周围绝不能有明火,并应在通风橱内进行,避免易燃物蒸气浓度增大时,发生爆炸、燃烧事故。易燃性溶剂切不能用火直接加热,必须用水浴、油浴或可调节电压的电热套加热;蒸馏、回流易燃液体时,要防止局部过热,烧瓶内液体不得超过烧瓶容量的 2/3,加热中途不得加沸石或活性炭,以免暴沸使液体冲出而着火,冷凝管水流要畅通,干燥管切勿阻塞而造成体系密闭,仪器连接处塞子要配合紧密,以免蒸气逸出着火;对于水蒸气蒸馏和减压蒸馏,则烧瓶内所盛物质的总量分别不能超过烧瓶容量的 1/3 和 1/2。禁止将氧化剂和有机物(尤其是易爆物品)接触或混合,以免发生爆炸事故。

(4) 实验室所用药品不得随意散失、遗弃,以免污染环境,影响身体健康。用过的溶剂必须回收,切勿倒入下水道,含有机溶剂的滤饼不能倒进敞口的废液缸,燃着的火柴头切不能丢入废物缸内。实验结束后,要细心洗手。

(5) 使用电器时,应防止人体与电器导电部分接触,不能用湿的手或手握湿物接触电插头。为了防止触电,装置和设备的金属外壳等都应接地线。实验后应切断电源,拔下插头。

(6) 了解灭火器的种类、用途及位置,学会正确使用。一旦发生火灾,不要过分慌张,应立即采取相应措施。首先要立即熄灭附近所有火源,切断电源,并移开附近的易燃物。火灾较小时,可用湿布或黄沙盖住灭火;火灾较大时,应根据具体情况选用适当的灭火器材灭火。油浴和有机溶剂着火时绝对不能用水浇,否则会使火焰蔓延开来。

1.5　有机化学实验环保要求

按照原国家环境保护总局《关于加强实验室类污染环境监管的通知》的规定,从 2005 年 1 月 1 日起,科研、监测(检测)、试验等单位实验室、化验室、试验场将按照污染源进行管理,实验室、化验室、试验场的污染将纳入环境监管范围。实验室排放的废气、废液、废渣等虽然数量不大,但如不经过必要的处理直接排放,会对环境和人身造成危害,也不利于养成良好的习惯。因此,在实验室必须遵守实验室环保守则,要爱护环境、保护环境、节约资源、减少废物产生量,努力创造良好的实验环境,并不对实验室以外的环境造成污染。实验室所有药品、中间产品、集中收集的废物等,都必须贴上标签,注明名称,防止误用和因情况不明而处理不当造成环境污染事故。

1.5.1 废气的处理

在实验中,要严格控制废气的排放。如果是产生少量有毒气体的实验,则应在通风橱内进行,通过排风设备将少量有毒气体排到室外,以免污染室内空气;如果是产生较大量有毒气体的实验,则必须配有气体吸收或处理装置,如氯气、二氧化硫、二氧化氮、溴化氢、硫化氢、氟化氢等气体,可用导管通入碱液中使其大部分被吸收后再排出。在有机合成实验中,处理有毒性、挥发性或刺激性的物质时,必须在通风橱内进行,防止逸散到室内,若装置密封不好,一些有害气体就有可能排放到空气中,此时应严格按照操作要求装好实验装置,并设法用水、碱液、酸液吸收,吸收过的废液应倒入指定的废液缸中。

1.5.2 废液的处理

废液必须集中处理,应根据废液种类及性质的不同分别收集在废液缸内,并贴上标签,以便分别处理。若是废酸或废碱,则在废液缸中用碱或酸中和至 $pH=6\sim8$ 后再排入下水道;若是废铬酸洗液,则可用 $KMnO_4$ 氧化法使其再生继续使用;对于含重金属离子的废液,先调至 $pH=6\sim8$,再加入碱或 Na_2S 把重金属离子变成难溶的氢氧化物或硫化物沉淀,过滤分离,少量残渣埋入地下,清液适当稀释后排入下水道。做有关汞的实验时应特别小心,不能把金属汞洒落在桌面或地上,一旦洒落,必须尽可能收集,并用硫黄粉盖在洒落的地方,汞应收集在被水封的容器内,定期送温度计厂处理,不能再生时应埋入地下;对于有毒性、挥发性或刺激性的有机溶剂,应尽可能蒸馏回收使用,确实不能回收使用的,必须定期掩埋,不得直接排入下水道。严格控制向下水道排放各类污染物,向下水道排放废水必须符合排放标准,严禁把易燃、易爆和容易产生有毒气体的物质倒入下水道。

1.5.3 废渣的处理

严禁乱扔固体废物,要将其分类收集,分别处理;实验过程中滤纸上有毒废渣或容器内的有毒沉淀,不许撒入下水道,要尽量收集后分类处理;无论是废液处理过的废渣,还是实验过程中的废渣都须经过化学处理后,埋入远离居民区的指定地点。

1.6 有机化学实验室事故的预防与处理

有机化学实验常常使用大量的有机试剂,这些有机试剂大多数是易燃、易爆和有毒的,同时,有机化学实验要使用多种电器设备、玻璃仪器,有时为了加快化学反应速率、溶解某些有机化合物还需要进行加热操作。因此,防止火灾、防止爆炸、防止中毒、防止触电、防止割伤、防止烫伤是有机化学实验安全运行中最突出、最主要的要求。为了防止以上意外伤害事故的发生,保证实验的正常进行,必须高度重视实验的安全操作,严格遵守操作规程,养成良好的科学实验习惯。只要思想上高度警惕,加强安全措施,主动预防,规范操作,事故是完全可以避免的。

1.6.1 有机化学实验室事故的预防

1. 防止火灾

物质的可燃性可由其闪点来判断。闪点是指液体表面的蒸气和周围空气的混合物与火接触,初次出现蓝色火焰闪光时的温度。它是表征液体可燃性的一个重要指标。显然,闪点越低,越容易发生燃烧。我国规定,凡是闪点在45 ℃以下的液体,都属于易燃液体。其中闪点在28 ℃以下的,称为一级易燃液体,闪点在28.1~45 ℃的称为二级易燃液体。某些有机化合物的闪点和沸点见表1-5。

表1-5 某些有机化合物的闪点和沸点

名称	闪点/℃	沸点/℃	名称	闪点/℃	沸点/℃
乙醚	—45	34.5	苯	—11	80.1
二硫化碳	—30	46.5	环己烷	—6	80.7
丙酮	—18	56.5	甲醇	11	64.8
石油醚	—17	40~80	乙醇	12	78.4

从表1-5可见,有机化学实验室常用的一些有机试剂,其闪点很低,许多属于一级易燃液体。

防火就是防止意外燃烧。燃烧是一种伴有发光和发热的剧烈氧化反应,燃烧的发生必须同时具备下列三个条件:可燃物、助燃物(如空气中的氧气)和火源(如明火、火花、灼热的物体等),三者缺一不可。控制或消除燃烧条件,就可以控制或防止火灾。

(1)不要使用明火火源。控制或消除燃烧的火源条件,是防止火灾的最好措施。现在大多数有机化学实验室都使用电热套、水浴锅和油浴锅加热,没有明火,安全性高,加热效果好,值得大力提倡和推广,但也还有一些有机化学实验室使用煤气灯、酒精灯作为火源,在使用这类明火时,应该远离易燃液体,不要把未熄灭的火柴梗乱丢。严格地说,有机化学实验室应禁止使用酒精灯等明火火源。此外还应注意,实验装置不能漏气,尾气要远离火源,周围环境必须避免明火;不要在充满有机物蒸气的房间里启动没有防爆设施的电器等。

(2)不要丢弃易燃物质。实验室使用易燃液体时,应特别小心。对于易发生自燃的物质(例如白磷、加氢反应用的催化剂雷尼镍)及沾它们的滤纸,不能随意丢弃;对于易燃有机化合物,不能随意乱倒,也不要把有些废弃液体倒入废液缸中,以免引起火灾。发现烘箱有异味或冒烟时,应迅速切断电源,使其慢慢降温,并准备好灭火器备用,千万不要急于打开烘箱门,以免突然供入空气助燃(爆),引起火灾。在实验操作中,应防止有机物蒸气泄漏出来,若要进行去除溶剂的操作,则必须在通风橱里进行。

(3)不要产生暴沸现象。在蒸馏或回流低沸点易燃液体时要注意以下几点:严禁直接加热;加热时,应采取搅拌、加入沸石(或素烧瓷片、废玻璃片)、放入一端封口的毛细管等措施以防止暴沸,如果已经加热才发现未放入这些物质,不能立即揭开瓶塞补加,应稍微冷却后再补放;加热液体的总量不要超过烧瓶容积的 2/3;加热不要太快,以免局部暴沸而引发火灾。

2. 防止爆炸

爆炸是物质发生变化的速度不断急剧增加并在极短的时间内放出大量能量的现象。有机化学实验室防止爆炸要做到如下几点。

(1)了解物质性质。在进行有机化学实验前,要掌握有机化学基础知识,查阅有关文献,了解化合物的爆炸性。例如,有机化合物中的过氧化物、芳香族多硝基化合物、干燥的重氮盐、叠氮化物、重金属的炔化物、硝酸酯等均是易爆物品,还有些有机化合物(例如乙醚、丙酮、二氧六环等),在存放时很容易产生过氧化物,后者的爆炸性极强,在蒸馏过程中会诱发爆炸,因此,在使用和操作时应特别注意。

(2)保持系统畅通。所有加热反应装置及蒸馏(含普通蒸馏、分级蒸馏和水蒸气蒸馏)装置必须正确,不能是密闭体系,应使装置与大气相通;减压蒸馏时,要用圆底烧瓶作为接收器,不可用三角烧瓶或平底烧瓶,否则,易发生爆炸。

(3)严禁使用明火。切勿使易燃易爆的气体接近火源,有机溶剂(如醚类和汽油)的蒸气与空气混合时极为危险,可能由一个热的表面或者一个火花、电花而引起爆炸。氢气、乙炔、环氧乙烷等气体与空气混合达到一定比例时,会生成爆炸性混合物,遇明火即会爆炸。因此,使用上述物质时必须严禁明火。

(4)正确使用易爆物。使用乙醚等醚类时,必须检查有无过氧化物存在,如果发现有过氧化物存在,应立即用硫酸亚铁除去过氧化物,然后才能使用,即使这样,在蒸馏时也要注意,不要将物料蒸干,同时使用乙醚时应在通风较好的地方或在通风橱内进行;对于易爆炸的固体,如重金属乙炔化物、苦味酸金属盐、三硝基甲苯等都不能重压或撞击,以免引起爆炸;对于一些危险的残渣,必须小心销毁,例如,对于重金属乙炔化物可用浓盐酸或浓硝酸使它分解,对于重氮化合物可加水煮沸使它分解等;卤代烷勿与金属钠接触,因其反应剧烈易发生爆炸;钠屑必须放在指定的地方。

3. 防止中毒

在有机化学实验中,许多试剂具有不同程度的毒性。有毒物质往往通过呼吸吸入、皮肤渗入和误食等方式或渠道导致人体中毒。防止中毒,就是切断上述中毒渠道。预防中毒的措施如下。

(1)防止呼吸时吸入中毒。在反应过程中,可能生成有毒、有腐蚀性或刺激性强的气体的实验应在通风橱内进行,实验开始后不要把头部伸入通风橱内;禁止嗅有毒有机化合物的气味;禁止在实验室内吸烟、唱歌、喧哗或嬉闹;要始终保持实验室房间的通风;使用后的器皿应及时清洗;必须经常检查煤气开关,防止煤气泄漏造成中毒。

（2）防止皮肤渗入中毒。应当尽量避免皮肤直接接触化学药品,尤其严禁手直接接触剧毒药品,实验中接触这些物质时必须戴橡皮手套或塑料手套(注意:有机化合物沾在皮肤上时应当立即用大量清水和肥皂洗去,切莫用有机溶剂洗,否则只会增加化学药品渗入皮肤的速度);实验操作后应立即洗手,切勿让化学药品沾及五官或伤口;溅落在桌面或地面的有机物应及时清扫除去。

（3）防止误食中毒。剧毒药品应妥善保管,实验中所用的剧毒物质应由专人负责收发,不许乱放,并向使用毒物者提出必须遵守的操作规程,实验后的有毒残渣必须做妥善而有效的处理,不准乱丢;严禁在实验室内吃食物等;不准在实验室内喝饮料;不准将任何食品、饮具、餐具和炊具带进或带出实验室。

4. 防止触电

实验室应配备试电笔,实验前应使用试电笔检查所用电器是否漏电,确保装置和设备的金属外壳等都连接地线,而且处在一个干燥的操作环境;在临时布设电路连接电线时,接头处应当用绝缘胶布缠扎,不能用医用胶布替代,更不能裸露电线接头处,以防漏电;在使用电器时,应防止人体与电器导电部分直接接触,不能用湿手或用手握湿的物体接触电插头,以防止触电;实验后,应立即切断电源,再将电源插头拔下。

1.6.2 有机化学实验室事故的处理

在实验中,一旦发生意外事故,不要着急,要沉着冷静处理,发挥实验室的消防设施、医药柜或医药箱在紧急情况下的作用。为了保证安全,有机化学实验室应备有黄沙、石棉布、灭火器等灭火用品用具,在实验前应熟悉灭火用具的安放位置和使用方法。实验室医药箱应备有下列急救药品和器具:医用酒精、碘酒、红药水、创可贴、止血粉、烫伤油膏(或万花油)、1%硼酸溶液、2%醋酸溶液、1%碳酸氢钠溶液、70%酒精溶液、3%双氧水溶液等;医用镊子、剪刀、纱布、药棉、棉签和绷带等。下面介绍几种实验室内事故发生时的急救处理方法。

1. 火灾的处理

实验室万一起火,首先不要惊慌失措,要立即关闭煤气及电源开关,然后设法灭火。一般火灾发生时,应迅速就近用黄沙、灭火器等灭火(一般不用水来灭火),有机化学实验室常用的灭火器是二氧化碳灭火器,它对扑灭轻微的火灾最为有效,而且不损坏仪器,但它不能用来扑灭钠、钾、镁等金属及其氢化物引起的火灾,在使用二氧化碳灭火器时,应注意不要被喷出的二氧化碳冻伤;当装有可燃性物质的器皿着火时,可用石棉布、表面皿、大烧杯等将其盖住,使之与空气隔绝而灭火;当衣服着火时,千万不要奔跑,可用灭火毯裹住身体灭火,或者迅速脱下衣服,或者在地上打滚以扑灭火焰。

2. 中毒的处理

当发生急性中毒时,紧急处理十分重要。实验中出现咽喉灼痛、嘴唇脱色或发绀、胃部痉挛或恶心、呕吐、心悸、头晕等症状,则可能是中毒所致。溅入口中而尚未咽下的毒物应立即吐出来,再用大量水冲洗口腔,如已吞下,应根据毒物的性质服解毒剂,并立即送医院急救。因口服引起中毒时,可饮温热的食盐水,把手指放在嘴中触及咽喉后部,引起呕吐。当中毒者失去知觉或因溶剂、酸、碱及重金属盐溶液引起中毒时,不要使其呕吐。误食碱者,先饮大量水,再喝些牛奶、醋、酸果汁、鸡蛋白;误食酸者,先喝水,再服$Mg(OH)_2$乳剂,然后饮一些牛奶,不要用催吐剂,也不要服用碳酸盐或碳酸氢盐;重金属盐中毒者,喝一杯含有几克$MgSO_4$的水溶液,立即就医,也不得用催吐剂;因吸入引起中毒时,要把病人立即抬到空气清新的地方,让其安静地躺着休息。

3. 割伤的处理

不正确地处理玻璃管、玻璃棒可能引起割伤。若是轻微的割伤,则用水洗涤伤口后涂上红药水;若是小规模的割伤,则先将伤口处的碎玻璃片取出,然后用水洗净伤口,再挤出一点血后进行消毒、包扎,也可在洗净的伤口上贴上创可贴,可以立即止血且易愈合;若是严重割伤,出血较多,则先将伤口处的碎玻璃片取出,然后立即用手指压住或把相应动脉扎住,使血尽快止住,包上压定布(不能用脱脂棉),若绷带被血浸透,不要换掉,而应该再盖上一块施压,并立即送往医院治疗。

在此需要特别指出,若是玻璃屑进入眼睛,则绝对不要用手揉擦,尽量不要转动眼球,可任其流泪,也不要试图让别人取出碎屑,而应该用纱布轻轻包住眼睛后,把伤者送往医院处理。

4. 烫伤、烧伤的处理

烫伤、烧伤的处理要因原因不同而不同。若被火焰、蒸气、红热的玻璃或铁器等烫伤,应立即将伤处用大量的水冲淋或浸泡,以迅速降温,避免深度伤害。若起水疱,则不宜挑破,对轻微烫伤,可在伤处涂烫伤油膏或万花油,当烫伤严重时应送医院治疗。若被明火烧伤,则要立即离开着火处,迅速用冷水冷却。轻度的火烧伤,用冰水冲洗是一种极为有效的急救方法。如果皮肤并未破裂,那么可涂擦治疗烧伤用药物,使患处及早恢复。当大面积的皮肤受到伤害时,可以用湿毛巾冷却,然后用洁净纱布覆盖伤处防止感染,并立即送医院请医生处理。

5. 化学药品灼伤的处理

(1)酸灼伤的处理。皮肤被酸灼伤时,首先用大量水冲洗,然后用1%碳酸氢钠溶液或稀氨水洗涤,再涂上药膏,将伤口包扎好。眼睛被酸灼伤时,先抹去溅在眼睛外面的酸,然后用洗眼杯或橡皮管套上水龙头,用缓慢的流水对准眼睛彻底冲洗后,再到医院就诊,或者用1%碳酸氢钠溶液洗涤,再滴入少量蓖麻油静养。

(2)碱灼伤的处理。皮肤被碱灼伤时,首先用水冲洗,然后用饱和硼酸溶液或2%醋酸溶液洗涤,最后用水冲洗。眼睛被碱灼伤时,先抹去溅在眼睛外的碱,然后用水冲洗,再用1%硼酸溶液洗涤后滴入少量蓖麻油,严重时应紧急送到医院就诊。

(3)溴灼伤的处理。若眼睛受到溴蒸气的刺激,暂时不能睁开,可对着盛有酒精的瓶口注视一会儿;若溴沾到皮肤上,应立即用石油醚洗去溴,再用2%硫代硫酸钠溶液洗,然后搽涂甘油,将伤处包好。

6. 腐蚀的处理

当身体的一部分被腐蚀时,应立即用大量水冲洗。被碱腐蚀时,再用2%醋酸洗;被酸腐蚀时,再用1%碳酸氢钠溶液洗。另外,应及时脱下被化学药品沾污的衣服。

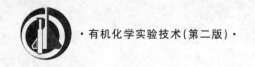

1.7　常用的有机化学实验参考工具

要想有效地进行有机化学实验,就必须了解反应物、中间体和产物的物理常数以及它们之间的相互关系等,否则就难以进行实验,或只能"照方抓药",这样的实验是盲目的,达不到实验目的。因此,学习查阅文献(工具书、辞典、手册等)是进行有机化学实验的一个重要环节。

1.7.1　有机化学实验工具书、辞典和手册

(1) 王箴. 化工辞典[M]. 4 版. 北京:化学工业出版社,2000.

(2) 樊能廷. 有机合成事典[M]. 北京:北京理工大学出版社,1993.

(3) 北京化学试剂公司. 化学试剂·精细化学品手册[M]. 北京:化学工业出版社,2002.

(4) 科学出版社名词室. 汉英化学化工词汇[M]. 北京:科学出版社,2002.

(5) 段长强. 现代化学试剂手册 第 1 分册:通用试剂[M]. 北京:化学工业出版社,1988.

(6) 中国科学院自然科学名词编订室. 汉译海氏有机化合物辞典[M]. 北京:科学出版社,1964.

(7) Furniss B, Hannaford A J, Smith P W G, et al. Vogel's Textbook of Practical Organic Chemistry[M]. 5th ed. England:Longman Scientific& Technical,1989.

(8) Simons W W. Standard Spectra Collection[M]. Philadelphia:Sadler Research Laboratories,1980.

1.7.2　有机化学实验网络资源

(1) 百度网(http://www. baidu. com),可快速搜索化学品的基本信息、物理常数、制备方法、化学性质及物理性质等内容。

(2) 物竞数据库(http://www. basechem. org),一个全面、专业的综合性中文化学品信息库,收集了化学品的基础信息、物理性质、毒理学、分子结构、化学特性、制备方法等内容,为师生、化学工作者、科研及检测机构提供了专业的化学品平台。

(3) 中国知网(中国知识基础设施工程,CNKI,http://www. cnki. net),提供 CNKI 源数据库、外文类、工业类、农业类、医药卫生类、经济类和教育类多种数据库,是集期刊、博硕论文、会议论文、工具书、年鉴、专利及海外文献资源为一体的,具有国际领先水平的网络出版平台,可以进行全面的化学化工文献检索。

模块二

有机化学实验操作技术实训

项目一　基本操作

1.1　有机化学实验玻璃仪器的认识及使用

【训练目的】

认识有机化学实验常用玻璃仪器,掌握玻璃仪器的正确使用方法,并简要说明其用途和使用注意事项。

【训练内容】

进行有机化学实验操作,必须有相应的仪器配置。有机化学实验要用到烧瓶、烧杯、量筒等玻璃仪器,有机化学实验包括加热、冷却、常压、减压、反应、分离等操作过程,不同的操作对玻璃仪器的形状、壁厚、耐热、耐压的要求是不一样的。

1. 常用的主要玻璃仪器

1）烧瓶

有三口烧瓶、蒸馏烧瓶、克氏蒸馏烧瓶、短颈圆底烧瓶、长颈圆底烧瓶、平底烧瓶等。平底烧瓶用于室温下的反应,无须用铁架台固定。圆底烧瓶用于较高温度下的操作,这是因为圆底烧瓶的玻璃厚薄较均匀,可承受较大的温度变化。平底的玻璃仪器不耐压,不能用于减压操作;长颈圆底烧瓶常用于水蒸气蒸馏实验;三口烧瓶适用于带机械搅拌的实验;克氏蒸馏烧瓶用于减压蒸馏实验。

2）漏斗

有布氏漏斗、保温漏斗、三角漏斗、滴液漏斗、球形分液漏斗和梨形分液漏斗等。布氏漏斗是瓷质的多孔板漏斗,用于抽滤、过滤和萃取等操作,球形分液漏斗和梨形分液漏斗常用于液体的萃取、洗涤和分离;滴液漏斗用于需将反应物逐滴加入反应器中的实验;保

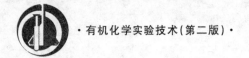

温漏斗用于对过滤过程有一定温度要求的实验操作。

3）冷凝管

有空气冷凝管、直形冷凝管和球形冷凝管等。直形冷凝管只适用于蒸馏沸点低于140 ℃的物质,当蒸馏物质的沸点高于140 ℃时,需使用空气冷凝管;球形冷凝管内管冷却面积较大,有较好的冷凝效果,适用于加热回流实验,但也不能冷却沸点高于140 ℃的物质。

4）温度计

有酒精温度计和汞温度计两种。前者适合测量0～50 ℃的温度,后者可测量−30～300 ℃的温度。选用温度计时,选用最高测量温度高出被测物可达到的最高温度10～20 ℃的温度计比较合适。

2. 玻璃仪器使用注意事项

在进行有机化学实验时,要根据实验操作正确选择相应的玻璃仪器。

使用玻璃仪器时应注意以下几点。

（1）要轻拿轻放。

（2）厚壁玻璃仪器不能用来加热,如抽滤瓶不能用来加热。

（3）用灯焰加热玻璃仪器时至少要垫上石棉网(试管除外)。

（4）平底仪器如平底烧瓶、锥形瓶不耐压,不能用于减压系统。

（5）广口容器不能储放有机溶剂。

（6）不能将温度计当作玻璃棒使用。

有机化学玻璃仪器分为普通玻璃仪器和标准磨口玻璃仪器。

3. 普通玻璃仪器

图 2-1-1 所示的玻璃仪器称为普通玻璃仪器。普通玻璃仪器在装配时通常用胶塞、软木塞、胶管、玻璃管等连接。

4. 标准磨口玻璃仪器

标准磨口玻璃仪器是具有标准内磨口（图 2-1-2(a)）或标准外磨口（图 2-1-2(b)）的玻璃仪器,磨口的尺寸是按国际通用的技术标准制造的。

由于玻璃仪器的容量及用途不同,标准磨口有不同的编号,如 10、14、19、24、29、34、40、50(单位为 mm,取最接近的整数)等。有时也用两个数字表示标准磨口的规格,如"14/30"表示最大端直径 D 为 14 mm,磨口锥体长度 H 为 30 mm（图 2-1-2(d)）。相同编号的内、外磨口可以紧密连接（图 2-1-2(c)）,磨口编号不同的仪器无法直接连接,但可以使用相应的不同编号的磨口接头将之连接。

与普通玻璃仪器相比,磨口仪器的接口处经磨砂处理,密合性能好,可以达到较高的真空度,也避免了用塞子连接时,塞子对反应物和产物的不良影响。仪器磨口应保持洁净,不能沾有固体物质,否则磨口不能紧密连接,甚至会损坏磨口。

常用的标准磨口玻璃仪器如图 2-1-3 所示。

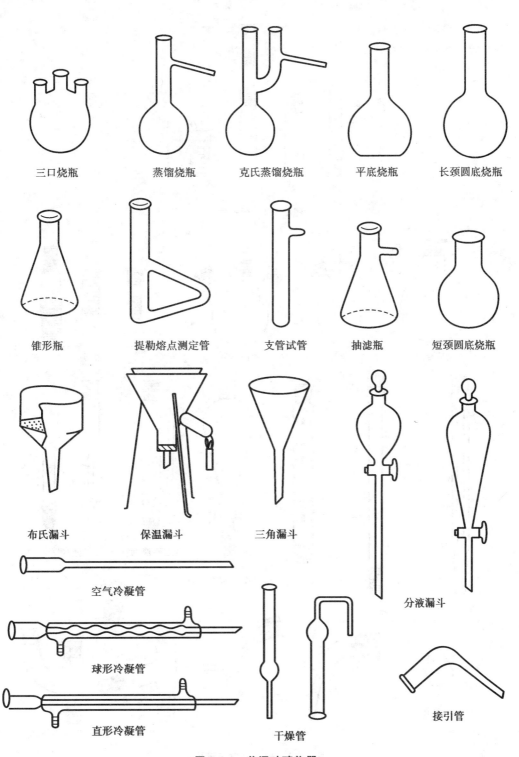

三口烧瓶　　蒸馏烧瓶　　克氏蒸馏烧瓶　　平底烧瓶　　长颈圆底烧瓶

锥形瓶　　提勒熔点测定管　　支管试管　　抽滤瓶　　短颈圆底烧瓶

布氏漏斗　　保温漏斗　　三角漏斗　　分液漏斗

空气冷凝管

球形冷凝管

直形冷凝管　　干燥管　　接引管

图 2-1-1　普通玻璃仪器

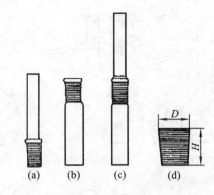

图 2-1-2 标准磨口

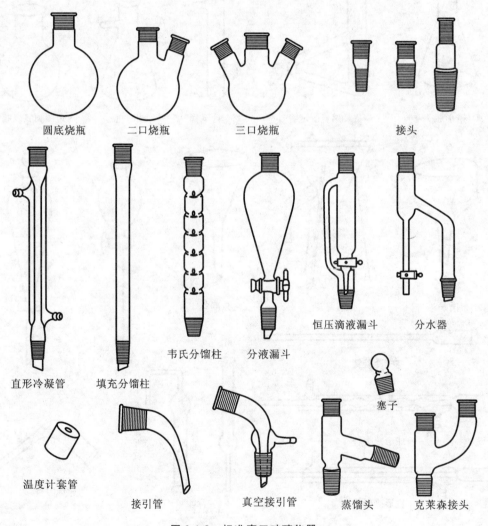

图 2-1-3 标准磨口玻璃仪器

5. 其他器皿

在有机化学实验中,除使用玻璃仪器以外,还会使用陶瓷、塑料等材质的器皿。陶瓷器皿能耐高温,可以在1200 ℃的高温下使用,耐酸、碱,耐化学腐蚀性比玻璃好,陶瓷器皿比玻璃坚固,而且价格便宜,如瓷坩埚、蒸发皿、研钵、布氏漏斗等。

塑料器皿在实验室中的应用日益增多,塑料具有一些特有的物理化学性质,在实验室可以作为玻璃器皿的代用品,聚乙烯和聚四氟乙烯塑料具有良好的耐酸碱腐蚀性。塑料对各种试剂有渗透性,因而不易洗刷干净,它们吸附杂质的能力较强,因此,为避免交叉污染,在使用塑料器皿储存各种试液时应该专用。塑料器皿主要有聚乙烯烧杯、漏斗、量杯、试剂瓶和洗瓶,实验室储存纯水通常使用塑料储水桶。

【训练要求】

此部分训练内容,采取让学生认领不同的玻璃仪器,并简要说明其用途和使用注意事项的方式来完成。

【训练标准】

(1) 认识常用的普通玻璃仪器和标准磨口玻璃仪器。

(2) 了解各种玻璃仪器的用途与使用注意事项。

1.2　玻璃仪器的洗涤、干燥和保养

【训练目的】

学会玻璃仪器的洗涤、干燥的方法,了解玻璃仪器保养的基本知识。

【训练内容】

实验时必须使用洁净的玻璃仪器,以免仪器上的污物影响实验结果及产品的纯度。用过的玻璃仪器在实验完毕后应立即清洗干净,然后干燥并妥善保存好,以便继续使用。

1. 玻璃仪器的洗涤

洗涤玻璃仪器的方法是用刷子、水、洗衣粉、去污粉刷洗。应根据实验要求、污物性质及污染程度选用不同的方法。一般简单的方法是用毛刷和去污粉擦洗,如在去污粉里掺入一些洗衣粉,洗涤效果会更好(切勿用去污粉擦洗磨口,以免损坏磨口),然后用清水冲洗,倒置仪器,器壁不挂水珠,即已洗净,可供一般实验使用。如需更洁净的玻璃仪器,可用洗涤剂洗涤,如进行有机分析实验,则还要用蒸馏水荡洗,以除去自来水冲洗时带入的杂质。

对于碱性或酸性残渣,可分别用酸液或碱液处理后再用水洗净;对于炭化残渣,要用铬酸洗液洗后将洗液倒回原瓶,然后用水冲洗。铬酸洗液呈红棕色,它含强酸且是强氧化剂,使用时要注意安全(使用前应把仪器上的污物尽量洗去,倒净水),经长期使用的洗液变成绿色即告失效。

2. 玻璃仪器的干燥

仪器的干燥对化学实验是很重要的,用于有机化学实验的玻璃仪器大多是要求干燥

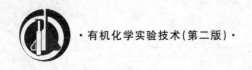

的，玻璃仪器的干燥有晾干、烘干、吹干和有机溶剂干燥等方法。

1）晾干

要求一般干燥的或不急用的玻璃仪器，如容量瓶、烧杯、试管、离心管、烧瓶等可在用纯水涮洗后，倒置于滴水架或仪器柜里控去水分，避免灰尘，自然干燥。

2）烘干

干燥程度要求较高的能经受较高温度烘烤的玻璃仪器，可以采用烘干的方法。烘干一般采用电热干燥箱（电烘箱）。洗净的玻璃仪器控去水分，口朝上置于搪瓷托盘上，放入电热干燥箱中烘干，烘箱温度为 100～105 ℃，烘 1 h 左右。也可放在红外干燥箱中烘干。

此法适用于一般玻璃仪器。干燥时必须取出塞子。仪器烘干后，应使用坩埚钳将其取出，放在石棉板上任其冷却，切不可使很热的仪器沾上水，以免炸裂。有些仪器不宜采用此法干燥，如抽滤瓶、计量器皿及冷凝管等。

硬质试管可用酒精灯烘干，要从底部烘起，把试管口向下，以免水珠倒流使试管炸裂，烘到无水珠时，使试管口向上赶净水汽。

3）吹干

玻璃仪器还可以用玻璃仪器气流干燥器或电吹风吹干，此法是由吹风器吹出经电加热后的空气进行干燥。

4）有机溶剂干燥

对于急于干燥的玻璃仪器或不适合放入烘箱的较大的玻璃仪器，可用吹干的办法，通常用少量乙醇、丙酮（或最后再用乙醚）倒入已控去水分的仪器中摇洗控净溶剂（溶剂要回收），然后用玻璃仪器气流干燥器或电吹风吹干，开始用冷风吹 1～2 min，当大部分溶剂挥发后吹入热风至完全干燥，再用冷风吹残余的蒸气，使其不再在容器内冷凝。此法要求通风好，防止中毒，不可接触明火，以防爆炸。

3. 玻璃仪器的保养

玻璃仪器洗涤干燥后，要分门别类地存放，以便取用。经常使用的玻璃仪器放在实验柜内，要放置稳妥，高的、大的放在里面，一些玻璃仪器的保管具体要求如下。

移液管洗净后置于防尘的盒中；滴定管用后，倒去内装的溶液，洗净后装满纯水，上盖玻璃短试管或塑料套管，也可倒置于滴定管架上；比色皿用毕洗净后，在瓷盘或塑料盘中下垫滤纸，倒置晾干后装入比色皿盒或清洁的器皿中；带磨口塞的玻璃仪器存放时尤其要注意其磨口部，容量瓶、分液漏斗等在洗净前就用橡皮筋或小线绳把塞和管口拴好，以免打破塞子或互相弄混。需长期保存的磨口玻璃仪器要在塞间垫一张纸片，以免日久粘住。长期不用的滴定管要除掉凡士林后垫纸，用皮筋拴好活塞保存。成套的有机合成玻璃仪器用完要立即洗净，干燥后放置于特制的泡沫箱内保管。总之，玻璃仪器的保管要仔细，所用过的玻璃仪器用完后要清洗干净，按要求保管，要养成良好的工作习惯，不要在仪器里遗留油脂、酸液、腐蚀性物质（包括浓碱液）或有毒药品，以免造成后患。

【训练要求】

（1）用简单的方法练习常用玻璃仪器的洗涤。

（2）会使用气流干燥器和电热干燥箱。

【训练标准】

(1) 对于洗涤后的玻璃仪器,要求达到仪器倒置时,玻璃表面的水膜不聚集成水珠,也不成股流下。

(2) 熟悉用气流干燥器和电热干燥箱干燥玻璃仪器的方法。

(3) 了解玻璃仪器保存的基本要求。

1.3 塞子的选择

【训练目的】

准确地选择合适的塞子,并能熟练地用钻孔器在塞子上钻孔。

【训练内容】

有机化学实验室常用的塞子有软木塞和橡皮塞两种。软木塞的优点是不易和有机化合物作用,但易漏气和被酸、碱腐蚀。橡皮塞虽然不漏气和不易被酸、碱腐蚀,但易被有机物所侵蚀或溶胀。两种塞子各有优缺点,究竟选用哪一种塞子合适要视具体情况而定。一般而言,较多使用软木塞,因为在有机化学实验中接触的主要是有机化合物。不论使用哪一种塞子,塞子大小的选择和钻孔的操作都是必须掌握的。

1. 塞子的选择

选择合适的塞子,塞子的大小应与仪器的口径相适应,塞子进入瓶颈或管颈的部分是塞子的1/3～2/3,如图 2-1-4 所示,否则,就不合用。使用新的软木塞时只要能塞入 1/3～2/3 就行了,因为经过压塞机压软打孔后就有可能塞入 2/3 左右了。

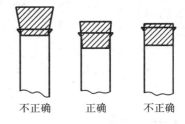

不正确　　　正确　　　不正确

图 2-1-4　塞子的配置

2. 钻孔器的选择

有机化学实验往往需要在塞子内插入导气管、温度计、滴液漏斗等,这就需要在塞子上钻孔,钻孔用的工具称为钻孔器(也称为打孔器)。这种钻孔器是靠手力钻孔的。每套钻孔器有五六支直径不同的钻嘴,可供选择。

若在软木塞上钻孔,就应选用比欲插入的玻璃管等的外径稍小或接近的钻嘴。若在橡皮塞上钻孔,则要选用比欲插入的玻璃管等的外径稍大的钻嘴,因为橡皮塞有弹性,钻成后,会收缩使孔径变小。

总之,塞子直径的大小,应能使欲插入的玻璃管等紧密地贴合固定。

3. 钻孔的方法

软木塞在钻孔之前,需用压塞机压紧,防止在钻孔时破裂。如图 2-1-5 所示,把塞子的小头端朝上,平放在桌面的一块木板上,这块木板的作用是避免当塞子被钻通后,钻坏桌面。钻孔时,左手握紧塞子平稳地放在木板上,右手持钻孔器的柄,在选定的位置,使劲地将钻孔器沿顺时针方向向下转动,使钻孔器垂直于塞子的平面,不能左右摇摆,更不能倾斜。不然,钻得的孔道是偏斜的。等到钻至约塞子高度的一半时,沿逆时针方向旋转取出钻嘴,用钻杆通出钻嘴中的塞芯,然后在塞子大的一面钻孔,要对准小头的孔位,以上述同样的操作钻孔至钻通。拔出钻嘴,通出钻嘴内的塞芯。

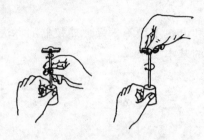

图 2-1-5　塞子钻孔

为了减少摩擦,特别是对橡皮塞,可在钻嘴的刀口抹一些甘油或水。

钻孔后要检查孔道是否合适,如果不费力就能把玻璃管插入,说明孔道过大,玻璃管和塞子之间不够紧密贴合,会漏气,不能用。玻璃管插入塞子的操作见图 2-1-6。若孔道小或不光滑,可用圆锉修整。

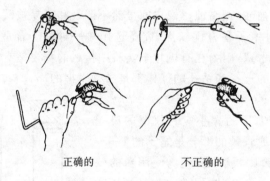

正确的　　　　　　不正确的

图 2-1-6　玻璃管插入塞子

【训练要求】

反复练习塞子钻孔,直至熟练掌握为止。

【训练标准】

准确地选择合适的塞子,并能熟练地钻孔。

1.4　加热与冷却

【训练目的】

掌握有机化学实验中常用水浴、空气浴、油浴和沙浴加热和冰浴冷却的操作方法。

【训练内容】

了解加热温度与升温速度和采用加热方法的关系,加热和冷却是促进或控制反应的常用手段。

1．加热方法

实验室常用的热源有煤气、酒精和电能。为了加速有机反应，往往需要加热，从加热方式来看有直接加热和间接加热。有机实验室里一般不用直接加热，如果直接加热圆底烧瓶，会因受热不均匀，导致局部过热，甚至导致破裂，所以实验室安全规则中规定禁止用明火直接加热易燃的溶剂。为了保证加热均匀，一般使用热浴间接加热，作为传热的介质有空气、水、有机液体、熔融的盐和金属。根据加热温度、升温速度等的需要，常采用下列手段。

1）水浴

加热温度不超过100 ℃时，最好用恒温水浴锅水浴加热。加热温度在90 ℃以下时，可将盛物料的容器部分浸在水中（注意勿使容器接触水浴底部），调节温度开关，把水温控制在需要的范围以内。如欲停止加热，只需关闭电源，容器的温度就会下降。

2）空气浴

利用热空气间接加热，对于沸点在80 ℃以上的液体均可采用。把容器放在石棉网上加热，这就是最简单的空气浴。但是受热仍不均匀，故不能用于回流低沸点易燃的液体或者减压蒸馏。半球形的电热套可进行比较好的空气浴，因为电热套中的电热丝是玻璃纤维包裹着的，较安全，一般可加热至400 ℃，电热套主要用于回流加热。蒸馏或减压蒸馏以不用电热套加热为宜，因为在蒸馏过程中随着容器内物质逐渐减少，容器壁会过热。电热套有各种规格，取用时要与容器的大小相适应。为了便于控制温度，要连接调压变压器。

3）油浴

油浴加热的温度一般在100～250 ℃。油浴的优点在于温度容易控制在一定范围内，容器内的反应物受热均匀。容器内反应物的温度一般要比油浴温度低20 ℃左右。用油浴加热时，要防止着火，防止过热现象，用量不能过多。如有冒烟现象即停止加热。万一着火，也不要慌张，可首先关闭火源，再移去周围的易燃物，然后用石棉板盖住油浴口，火即熄灭。油浴液中应悬挂温度计，以便随时调节灯焰，控制温度。

加热完毕后，把容器提离油浴液面，仍用铁夹夹住，放置在油浴液上面。待附着在容器外壁上的油流完后，用纸和干布把容器擦干。

常用的油浴液有以下几种。

（1）甘油：可以加热到140～150 ℃，温度过高时会分解。

（2）植物油：如菜籽油、蓖麻油和花生油等，可以加热到220 ℃，常加入1％对苯二酚等抗氧化剂，便于久用，温度过高时会分解，达到闪点时可能燃烧起来，所以使用时要小心。

（3）石蜡：能加热到200 ℃左右，冷却到室温时凝结成固体，保存方便。

（4）液体石蜡：可以加热到200 ℃左右，温度稍高并不分解，但较易燃烧。

4）电热套

电热套主要用于不能使用明火的情况下加热。圆底烧瓶或三口烧瓶用大小相同的电热套加热十分方便和安全。用调压变压器来控制电热套，可任意调节加热的程度。电热套的电阻丝是用玻璃纤维包裹着的，加热过度会使玻璃纤维熔融变硬，容易碎裂。不可让有机液体或酸、碱、盐溶液流到电热套中,那样将造成短路或电阻丝被腐蚀,使电热套损坏。电热套与磁力搅拌器组合可用于多种加热搅拌装置。

5)沙浴

沙浴加热的温度范围较宽,可加热到 350 ℃。一般用铝和不锈钢板装沙子,将容器半埋在沙子中。沙浴的缺点是沙子传热较差,沙浴温度分布不均匀。容器底部的沙子要深些,四周的沙子要厚些,用温度计监测沙浴的温度,温度计水银球紧靠容器。如果把沙盘放在带电加热板的磁力搅拌器上使用,很适合微量合成的各种加热过程。

2. 冷却方法

在有机实验中,有时须采用一定的冷却剂进行冷却操作,在一定的低温条件下进行反应、分离提纯等。

在实验室中,最常用的冷却剂是碎冰和食盐的混合物,它实际上能冷却到 $-18 \sim$ -5 ℃。冰盐浴不宜用大块的冰,而且要按上述比例将食盐均匀撒布在碎冰上,这样冷却效果才好。用固体的二氧化碳(干冰)和乙醇、乙醚或丙酮的混合物,可达到更低的温度($-78 \sim -50$ ℃)。常用的冰盐冷冻剂及其冷却的最低温度见表 2-1-1。

表 2-1-1 常用的冰盐冷冻剂及其冷却的最低温度

冷冻剂	冰盐混合物中盐的质量分数/(%)	冷却的最低温度/℃	冷冻剂	冰盐混合物中盐的质量分数/(%)	冷却的最低温度/℃
NaCl+冰	10	−6.56	CaCl$_2$+冰	22.5	−7.8
	15	−10.89		29.8	−55
	23	−21.13	KCl+冰	18.6	−11.1
K$_2$CO$_3$+冰	39.5	−36.5	NH$_4$Cl+冰	186	−15.8

【训练要求】

(1)练习用水浴、空气浴、油浴和沙浴加热的操作方法。

(2)练习用冰浴冷却的操作方法。

【训练标准】

(1)掌握加热温度与升温速度和采用加热方法的关系。

(2)掌握加热和冷却操作的方法。

【练后复习】

一、填空题

(1)有机化学实验室常用的塞子有_____和_____两种。它们的优点分别是_____、_____、_____。

(2)选择塞子时,首先要选择适宜的塞子,塞子的大小应与仪器的口径相适应,塞子进入瓶颈或管颈的部分是塞子的_____。使用新的软木塞时只要能塞入_____就行了。

(3)实验室常用的加热方式有_____、_____、_____、_____和_____。

二、解答题

（1）钻孔器如何选择？

（2）给塞子钻孔时要注意什么问题？

（3）什么情况下不能用空气浴加热？

（4）电热套主要用于什么情况下的加热？

（5）当用到何种金属时，绝对不能在水浴上进行？

（6）如果要加热的温度稍高于 100 ℃，可选用哪些无机盐的饱和水溶液作热溶液？

（7）哪些物质可作为油浴液？

（8）使用油浴时，尤其应该注意的是什么？

（9）在什么情况下要采用冷却的方法？

项目二　反应操作

有机化学反应很复杂，一般是液-液和液-固多相反应，有些有机反应需要加热、搅拌、催化剂等反应条件，反应时间较长，副反应产物较多，产物需进一步精制。所以在进行有机反应操作时，要根据反应类型、反应条件正确选择反应装置。

2.1　反应装置

【训练目的】

（1）能够根据反应类型与反应条件正确选择反应装置。

（2）熟练安装各种反应装置。

【训练内容】

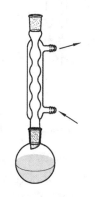

不同的有机反应有不同的反应特征。反应物、产物、催化剂也有不同的理化性质，对反应装置也有不同的要求。加热、冷却和搅拌（或振荡）是促进或控制反应的常用手段。常用的典型实验装置如下所述。

1. 回流装置

回流装置（图 2-2-1）是圆底烧瓶与球形冷凝管直接相连组成的一套装置。球形冷凝管能让从烧瓶中上升的热蒸气快速冷却凝聚成液体，重新回落到烧瓶中，从而减少或防止有机物在加热时挥发，也使有机蒸气出口远离热源而增加操作过程的安全性。

图 2-2-1　回流装置

回流装置可以加热有机物、制备有机物饱和溶液（重结晶）和作为反应装置（如乙酸乙酯的制备）。

2. 回流吸收装置

回流吸收装置（图 2-2-2）是针对产生卤化氢、二氧化氮、硫氢化物等有毒气体的反应，回流冷凝管顶端必须与毒气吸收装置相连防止毒气外溢,当反应能产生易挥发的可燃物质时,也需要在回流冷凝管顶端另用导管相连,通入下水道或室外,防止可燃性气体在室内积聚而发生事故。

值得一提的是,回流冷凝管顶端连接了毒气吸收装置后,整个系统形成一个密闭体系,这个体系在反应开始后,可能因反应剧烈,产生的气体来不及吸收而发生爆炸,在反应后期又因体系冷却或毒气溶解而发生倒吸,避免的办法:三角漏斗紧贴液面(勿深入液面)。

判断这类反应进行程度的办法:观察反应体系中产生气泡的速度,若无气体产生,则主反应已完成。实例:由醇制备卤代烃、己二酸的制备(硝酸氧化法)。

3. 回流干燥装置

回流干燥装置(图 2-2-3)用于反应物、催化剂、产物之一能与水反应时,不仅要求反应物、试剂、仪器在实验前进行干燥处理,也要保持在反应过程中,外界水蒸气不进入反应体系,因此回流冷凝管顶端与装有干燥剂的干燥管相连,安装时注意干燥剂要疏松透气,防止过分紧密使反应体系成为密闭体系留下安全隐患。例如:格氏试剂的制备。

对于既要干燥又有毒气产生的反应,则可在干燥管后再接毒气吸收装置。实例:对二叔丁苯的制备。

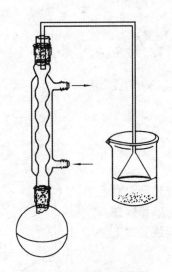

图 2-2-2　回流吸收装置

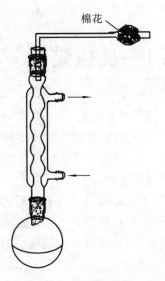

棉花

图 2-2-3　回流干燥装置

4. 回流分水装置

回流分水装置(图 2-2-4)是在回流装置的烧瓶与回流冷凝管之间插入一个油水分离器,使回流液先滴入油水分离器后再回流到烧瓶中,这套装置最适合于原料和产物都不溶于水,但有水生成的可逆反应。例如:正丁醚的制备。借油水分离器将水蒸出,减少产物的浓度,使平衡向产物方向移动,当反应物之中有可溶于水的物质时,可以通过计算用过量可溶性反应物和加入分水剂,应用回流分水装置控制反应。所谓分水剂,就是该物质可与水形成低恒沸混合物,降低蒸出水的温度,减少其他物质蒸出量。例如:苯甲酸乙酯的制备。回流分水装置可借蒸出水的量判断反应进行的程度。

5. 回流提取装置

回流提取装置(图2-2-5)如脂肪提取器,是从固体物质中提取有机物的重要器具之一,其工作原理是溶剂蒸气在回流冷凝管中回流,首先滴到被提取固体物质上,使固体物质中被提取成分溶解在溶剂中,再流回圆底烧瓶,这一过程蒸发的是纯溶剂,流回烧瓶的是溶解了被提取物的溶剂,通过溶剂循环达到用有限的溶剂将固体物质中的被提取物完全提取出来的目的。

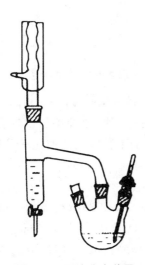

图2-2-4 回流分水装置

图2-2-5 回流提取装置

6. 蒸馏装置

蒸馏装置(图2-2-6)是将烧瓶中产生的热蒸气通过蒸馏头流入冷凝管,冷凝成液体的装置。这套装置可以用来测定沸点(被蒸出液体的沸点),也可用于分离和提纯有机物,还能用作反应装置。作为反应蒸出装置,可用于产物之一为低沸点物质的可逆反应,通过反应蒸出产物促使可逆反应平衡向产物方向移动来控制反应的进行。例如:乙酸乙酯的制备。当低沸点产物与反应物的沸点相差不大时,可采用回流蒸出装置使沸点稍高的原料回流重新参加反应。

7. 分馏装置

分馏装置(图2-2-7)是在蒸馏装置的烧瓶与蒸馏头之间安装分馏柱,这样上升的热蒸气先进入分馏柱,并在分馏柱中不断与回流的冷凝液发生热量的交换和物质的交换,最终使沸点相差不大的低沸点组分被蒸出,用来分离沸点相差不大的混合物。

另外,反应蒸出装置还可用来防止产物发生二次反应。二次反应不同于副反应,反应物和试剂首先发生一次反应(包括主反应和副反应)。一次反应的主产物在此反应条件下

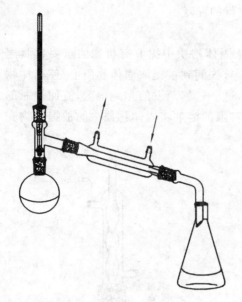

图 2-2-6　蒸馏装置

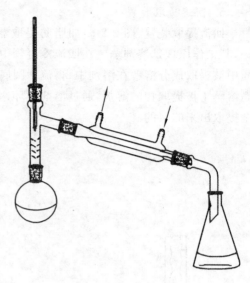

图 2-2-7　分馏装置

可以接着再发生反应(称为二次反应)。例如:以伯醇为原料氧化制醛,醛在相同条件下也被氧化最终生成羧酸,醛被氧化成羧酸即为二次反应。由此可见,能发生二次反应的产物必须在生成后立即脱离反应体系,因此需反应蒸出装置,至于究竟用蒸馏还是分馏,可根据被蒸出物与反应物的沸点差距大小来定。

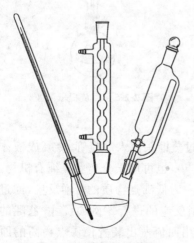

图 2-2-8　滴加回流装置

8. 滴加回流装置

滴加回流装置(图 2-2-8)指在烧瓶一口装回流装置(含回流装置、回流吸收装置、回流干燥装置等),另一磨口接恒压滴液漏斗,将反应物或反应物之一逐滴滴加到反应体系中,来控制反应的进行。尤其是有以下特征的反应,必须选用滴加回流装置。

(1) 反应物活性较大,为了使反应平稳进行采用逐滴滴加方法以控制活性大的物质的浓度,达到控制整个反应的目的。

(2) 强放热反应。为了使反应热能有效地向环境扩散,防止发生事故,需控制反应物浓度来使反应的热量逐渐释放,达到控制反应的目的。

(3) 控制副反应或二次反应的发生。反应物之一能与产物反应时,除了严格控制反应条件外,还要控制好该反应物在反应体系的浓度,需采用滴加的方法。例如:制备格氏试剂时,若将镁投入卤代烃中,则镁与卤代烃反应产生的格氏试剂也与卤代烃反应生成烃。因此,需将卤代烃滴入镁的醚溶液中,在其基本反应完以后,再滴加以控制卤代烃的浓度,减少副反应发生。

（4）控制过量。在实施可逆反应时,有时也采用反应物之一过量的方法控制反应。过量的含义包括两个方面:其一是在用量上过量;其二是在操作技术上将有限的过量的物质转变成数量上的绝对过量,如制备乙酸乙酯时将1∶1的反应物滴加到乙醇-硫酸溶液中,使乙醇最大程度过量,获得最大收益。

（5）滴加蒸馏或分馏。若在分离混合物时,其成分之一在沸点时虽稳定,但不能长时间加热,而蒸馏或分馏的量又较大,就可选用小的二口烧瓶或三口烧瓶,采用边滴加边蒸馏或分馏的办法,使滴入的少量液体在烧瓶中立即汽化进入冷凝管或分馏柱,防止长时间加热而发生变化。

以上重点介绍了8种反应装置,每套装置都与对应反应的特征相联系,反应时,通过控制反应装置、操作和反应条件,使其能平稳进行,并获得理想的效果。

【训练要求】

此部分的训练,采用让学生安装各种反应装置的方式来进行。

【训练标准】

熟练地掌握不同的反应条件和反应类型对应的反应装置。

2.2　温度计的校正

【训练目的】

了解温度计校正的意义,掌握温度计校正的方法,正确使用温度计。

【训练内容】

普通温度计的刻度是在温度计的水银线全部均匀受热的情况下刻出来的,但在测定温度时常仅将温度计的一部分插入热液体中,有一段水银线露在液面外,这样测定的温度当然会比温度计全部浸入热液体中所得的结果稍偏低。因此,要准确测定温度,就必须对外露的水银线造成的误差进行校正。此外,普通温度计的毛细管不均匀或刻度不准确,加上在使用过程中,反复地受冷和受热,也会导致温度计零点的变动,而影响测定的结果,因此也要进行校正,这些校正称为温度计刻度校正。在生产和科学实验中,如要得到准确的温度数据,所用的温度计就必须进行上述两种校正。

1. 温度计刻度校正的方法

温度计刻度校正的方法有两种。

1）比较法

选用一支标准温度计与要进行校正的温度计比较。这种方法比较简便。

2）定点法

选用若干纯有机物,测定其熔点作为校正的标准。若用本法校正温度计,则不必再做外露水银线校正(即读数校正)。

2. 用标准温度计校正普通温度计刻度

把要校正的温度计和标准温度计并排放入液体石蜡或浓硫酸的浴液中,两支温度计的水银球要处于同一水平位置,加热浴液,并用玻璃棒不断搅拌,使浴液温度均匀,控制温度上升速度为 1~2 ℃/min(不宜过快)。每隔 5 ℃便迅速而准确地记下两支温度计的读数,并计算出 Δt(表 2-2-1)。

$$\Delta t = 被校正温度计的温度(t_2) - 标准温度计的温度(t_1)$$

表 2-2-1　Δt 的计算

被校正温度计的温度(t_2)				
标准温度计的温度(t_1)				
Δt				

然后,用被校正的温度计的温度 t_2 与 Δt 作图,如图 2-2-9 所示。从图 2-2-9 中便可得出被校正的温度计的正确温度误差值。例如,假设被校正温度计测得的温度读数(t_2)为 81 ℃,从图中便可求出校正后的正确读数(t_1):

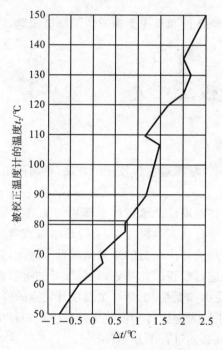

图 2-2-9　温度计刻度校正示意

$$\Delta t = +0.8 \ ℃$$

$$t_1 = t_2 - \Delta t = (81 - 0.8) \ ℃ = 80.2 \ ℃$$

即当从被校正的温度计上读得 81 ℃时,实际温度应为 80.2 ℃。

也可用纯有机化合物的熔点进行温度计刻度校正。

选择一系列已知准确熔点的标准样品(表 2-2-2)。用普通温度计测定它们的熔点。用已知标准物质的准确熔点作纵坐标,所测的熔点作横坐标,画一条曲线,那么这支普通温度计上的任一温度,都可以从曲线上找出对应的标准温度。

表 2-2-2　常用标准样品

样品名称	熔点/℃	样品名称	熔点/℃
水-冰	0	尿素	135
α-萘胺	50	二苯基羟基乙酸	151
二苯胺	54～55	水杨酸	159
对二氯苯	53.1	对苯二酚	173～174
苯甲酸苄酯	71	3,5-二硝基苯甲酸	205
萘	80.6	蒽	216.2～216.4
间二硝基苯	90	酚酞	262～263
二苯乙二酮	95～96	马尿酸	188～189
乙酰苯胺	114.3	对羟基苯甲酸	214.5～215.5
苯甲酸	122.4	D-甘露醇	168

【训练要求】

（1）测定尿素、肉桂酸的熔点。

（2）测定尿素和肉桂酸混合物的熔点。

（3）测定 1～2 个未知物的熔点。

【训练标准】

熟练掌握温度计校正的两种方法。

2.3　搅拌技术

【训练目的】

掌握搅拌技术和操作。

【训练内容】

搅拌是有机制备实验中常用的基本操作。搅拌的目的是使反应物混合得更均匀,反应体系的热量容易散发和传导,使反应体系的温度更加均匀,从而有利于反应的进行,特别是非均相反应,搅拌更为必不可少的操作。

搅拌的方法有三种:人工搅拌、机械搅拌和磁力搅拌。

1. 人工搅拌

在反应物量小,反应时间短,而且不需要加热或温度不太高的操作中,用手摇动容器就可达到充分混合的目的。也可用两端稍光滑的玻璃棒沿着器壁均匀地搅动,但必须避免玻璃棒碰撞器壁。若在搅拌的同时还需要控制反应温度,可用橡皮圈把玻璃棒和温度计绑在一起。为了避免温度计水银球触及反应器的底部而损坏,玻璃棒的下端宜稍伸出一些。

2. 机械搅拌

在那些需要用较长的时间进行搅拌的实验中,最好使用电动搅拌器。若在搅拌的同时还需要进行回流,则最好用三口烧瓶,三口烧瓶中间瓶口装配搅拌棒,一个侧口安装回流冷凝器,另一个侧口安装温度计或滴液漏斗,其装置如图 2-2-10 所示。

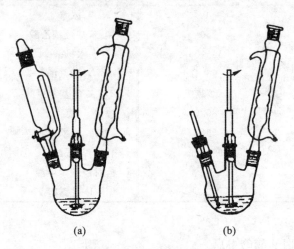

(a)   (b)

图 2-2-10 机械搅拌装置

3. 磁力搅拌

恒温磁力搅拌器适用于液体恒温搅拌,它使用方便,噪声小,搅拌力也较强,搅拌速度平稳,采用电子自动恒温设备控制温度。磁力搅拌器型号很多,使用时应参阅说明书。

4. 实验步骤

首先选定三口烧瓶和电动搅拌器的位置。如果是普通仪器,选择一个适合中间瓶口的软木塞,钻一孔,孔必须钻得光滑笔直,插入一段玻璃管(或封闭管),软木塞和玻璃管间一定要紧密。玻璃管的内径应比搅拌棒稍大一些,使搅拌棒可以在玻璃管内自由地转动。在玻璃管内插入搅拌棒,把搅拌棒和搅拌器用短橡皮管(或连接管)连接起来。然后把配有搅拌棒的软木塞塞入三口烧瓶中间的口内,塞紧软木塞。调整三口烧瓶位置(最好不要调整搅拌器的位置,若必须调整搅拌器的位置,应先拆除三口烧瓶,以免搅拌棒戳破瓶底),使搅拌棒的下端距瓶底约 5 mm,中间瓶颈用铁夹夹紧。从仪器装置的正面仔细检查,进行调整,使整套仪器竖直。开动搅拌器,当搅拌棒和玻璃管间不发生摩擦的响声时,才能认为仪器装配合格,否则,需要再进行调整。装上冷凝管和滴液漏斗(或温度计),用铁夹夹紧。上述仪器要安装在同一铁架台上。再次开动搅拌器,运转情况正常,才能装入物料进行实验。

如果使用的是磨口仪器,则需要选择一个合适的搅拌头(也称为搅拌器套管),将搅拌棒插入搅拌器中,再将搅拌棒和搅拌头上端用短橡皮管连接起来,然后把连有搅拌棒的搅拌头塞入三口烧瓶中间的口内,即可调试使用。

为了防止蒸气或反应中产生的有毒气体从玻璃管和搅拌棒间的空隙溢出,需要封口。

【训练要求】

搅拌器与回流反应操作装置一起安装,学会调节和控制转速。

【训练标准】

熟练安装和拆卸搅拌器,控制合适的转速。

【练后复习】

(1) 搅拌的方法有哪些?

(2) 机械搅拌和磁力搅拌一般用在何种情况下?

(3) 机械搅拌主要包括哪三个步骤?

项目三 分 离 操 作

3.1 萃取操作

【训练目的】

(1) 熟悉萃取的原理。

(2) 熟练掌握分液漏斗的选择及各种操作。

【训练内容】

1. 萃取原理

萃取是利用物质在两种互不相溶(或微溶)的溶剂中溶解度或分配比的不同来达到分离或提纯目的的一种操作。萃取是分离和提纯有机化合物常用的基本操作之一。

将含有有机化合物的水溶液用有机溶剂萃取时,有机化合物就在两相之间进行分配。在一定温度下,此有机化合物在有机相中和在水相中的浓度之比为一常数,即所谓"分配定律"。

2. 仪器及药品

1) 仪器

分液漏斗;50 mL 锥形瓶 2 个;碱式滴定管等。

2) 药品

冰醋酸与水的混合液(冰醋酸与水的体积比为 1∶19)、乙醚、酚酞指示剂、0.2 mol/L NaOH 溶液等。

3. 萃取练习

1) 分液漏斗的选择

液体萃取最常用的仪器是分液漏斗,有球形、梨形和圆柱形三种。不论是哪一种分液漏斗,一般只能装入占其容积 1/3 左右的液体,最多不得超过 2/3 容积。

在进行萃取操作之前,首先要选择大小适当的分液漏斗,通常选择容积较被萃取液大1～2 倍的分液漏斗。检查它的塞子是否严密,即用水检验是否漏水。然后用细绳或橡皮圈将塞子绑在分液漏斗的上口颈部,以防脱落摔碎。

2)活塞涂油

活塞是分液漏斗最重要的部件,为使活塞在活塞孔道中旋转自如,应先用滤纸或干布擦干净活塞和活塞孔道,并在分液漏斗活塞上涂好凡士林,注意不要抹在活塞的小孔中,塞后旋转数圈,使凡士林分布均匀,再用小橡皮圈套住活塞尾部的小槽,防止活塞滑脱。关好活塞,装入待萃取物和萃取溶剂,塞好塞子,旋紧。应养成习惯,分液漏斗一旦放在铁圈上,立即在它的下口放一个锥形瓶或烧杯。分液漏斗的塞子不能涂抹凡士林,以免污染盛放的液体。但是,塞子可用萃取溶剂稍微润湿一下。

3)一次萃取法

(1)在关闭分液漏斗的活塞之后,用移液管准确量取 10 mL 冰醋酸与水的混合液放入分液漏斗中,用 30 mL 乙醚萃取。

(2)用右手食指将漏斗上端玻璃塞顶住,用大拇指及食指、中指握住漏斗,左手的食指和中指蜷握在活塞柄上(图 2-3-1);在振荡过程中,玻璃塞和活塞均夹紧,上、下轻轻振荡分液漏斗,每隔几秒钟将漏斗倒置(活塞朝上),小心打开活塞放气,以平衡内、外压力;重复操作 2～3 次,然后用力振摇一定时间,使乙醚与冰醋酸水溶液这两种不互溶的液体充分接触,提高萃取率,振摇时间太短则影响萃取率。

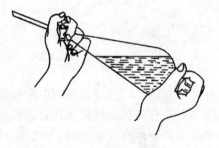

图 2-3-1 分液漏斗的使用

(3)将分液漏斗置于铁圈上,当溶液分成明显的两层后,小心旋开活塞,放出下层水溶液于 50 mL 锥形瓶内。

(4)往锥形瓶中加入 3～4 滴酚酞作指示剂,用 0.2 mol/L NaOH 溶液滴定,记录消耗 NaOH 溶液的体积 V_{NaOH}(单位:mL)。

4)多次萃取法

(1)准确量取 10 mL 冰醋酸与水的混合液于分液漏斗中,用 10 mL 乙醚如上法萃取,分出乙醚溶液。

(2)将水溶液再用 10 mL 乙醚萃取,分出乙醚溶液。

(3)将第二次剩余水溶液再用 10 mL 乙醚萃取,如此共三次。

用 0.2 mol/L NaOH 溶液滴定水溶液。

4. 计算

一次萃取法与多次萃取法需计算留在水中冰醋酸的量和质量分数以及留在乙醚中冰醋酸的量和质量分数。可通过计算比较两种萃取效率。

现以计算留在水中冰醋酸的量和质量分数为例进行说明。

10 mL 冰醋酸与水的混合液(HAc 与 H_2O 的体积比为 1∶19)中冰醋酸(密度为

1.049 g/mL)的含量(m_0)为

$$m_0 = \frac{1}{20} \times 1.049 \times 10 \text{ g} = 0.5245 \text{ g}$$

萃取后残留在水中冰醋酸的量(m_{HAc})计算如下：

$$c_{NaOH} V_{NaOH} = \frac{m_{HAc}}{M_{HAc}} \times 1000$$

$$m_{HAc} = c_{NaOH} V_{NaOH} \frac{M_{HAc}}{1000}$$

$$= 0.2 V_{NaOH} \times \frac{60}{1000} = 0.012 V_{NaOH}$$

式中：c_{NaOH}是用于滴定分析冰醋酸水溶液的 NaOH 溶液的浓度，mol/L。

V_{NaOH}是滴定冰醋酸水溶液所用的 NaOH 溶液的体积，mL。

M_{HAc}是冰醋酸的摩尔质量，g/mol。

萃取后残留在水中的冰醋酸的质量分数是

$$w = \frac{m_{HAc}}{m_0} \times 100\%$$

萃取效率为

$$\eta = \frac{m_0 - m_{HAc}}{m_0} \times 100\%$$

【注意事项】

（1）分液时一定要尽可能分离干净，有时在两相间可能出现一些絮状物，也应同时放去（下层）。上层物从上口放出，下层物从下口放出。

（2）要弄清哪一层是水相。若搞不清，可任取一层的少量液体，置于试管中，并滴少量自来水，若分为两层，说明该液体为有机相，若加水后不分层则是水相。

（3）在萃取时，可利用盐析效应，即在水溶液中加入一定量的电解质（如氯化钠），以降低有机物在水中的溶解度，提高萃取效率。水洗操作时，不加水而加饱和食盐水也是这个道理。

（4）在萃取时，特别是当溶液呈碱性时，常常会产生乳化现象，这样很难将它们完全分离，所以要进行破乳，可加些酸。萃取溶剂的选择要根据被萃取物质在此溶剂中的溶解度而定，同时要易于和溶质分离，所以最好用低沸点的溶剂。一般水溶性较小的物质可用石油醚萃取；水溶性较大的物质可用苯或乙醚萃取；水溶性极大的物质可用乙酸乙酯萃取。

（5）分液漏斗使用后，应用水冲洗干净，上口塞子和活塞用薄纸包裹后塞回去。

【物理常数】

主要试剂及产品的物理常数见表 2-3-1。

表 2-3-1　主要试剂及产品的物理常数

样品	沸点/℃	摩尔质量/(g/mol)	密度/(g/cm³)	熔点/℃	溶解度
CH₃COOH	117.9	60	1.049	16.6	∞
乙醚	34.5	74	0.7137	−116.62	微溶

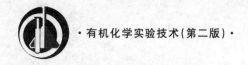

【训练要求】

(1) 通过本训练的练习,掌握萃取仪器的安装和使用。

(2) 熟练掌握萃取的操作规范。

【训练标准】

(1) 正确洗涤和安装分液漏斗。

(2) 掌握标准的萃取操作方法。

3.2　重结晶操作

【训练目的】

(1) 了解重结晶法提纯固体有机化合物的原理和方法。

(2) 掌握抽滤、热滤操作和滤纸的折叠、放置方法。

【训练内容】

1. 重结晶及过滤原理

从有机合成反应分离出来的固体粗产物往往含有未反应的原料、副产物及杂质,必须加以分离纯化。重结晶是分离提纯固体化合物的一种重要的、常用的分离方法之一,它适用于产品与杂质性质差别较大、产品中杂质含量小于5％的体系。

大多数有机物的溶解度随着温度的升高而增大,随着温度的降低而减少。重结晶就是利用这个原理,使有机物在热的溶剂中溶解,制成饱和的溶液,趁热过滤,除去不溶性杂质,再将溶液冷却,让有机物在冷的溶剂中重新结晶出来,并与可溶于溶剂的杂质相分离。如果固体中含有有色杂质,一般可以用活性炭脱色,经过一次或多次重结晶,可以大大提高有机物的纯度。

2. 重结晶的步骤

1) 溶剂的选择

在进行重结晶时,选择理想的溶剂是关键,理想的溶剂必须具备下列条件。

(1) 不与被提纯物质起化学反应。

(2) 温度高时,被提纯物质在溶剂中溶解度大,在室温或更低温度下溶解度很小。

(3) 杂质在溶剂中的溶解度非常大或非常小(前一种情况是使杂质留在母液中不随被提纯晶体一同析出,后一种情况是使杂质在热过滤时除去)。

(4) 溶剂沸点较低,易挥发,易与结晶分离。

此外,还要考虑能否得到较好的结晶,溶剂的毒性、易燃性和价格等因素。

若不能选到单一的合适的溶剂,常可应用混合溶剂。一般是由两种能互溶的溶剂组成,其中一种对被提纯的化合物溶解度较大,而另一种对被提纯的化合物溶解度较小,常用的混合溶剂有乙醇-水、醋酸-水、苯-石油醚、乙醚-甲醇等。

2) 溶剂的用量

要使重结晶得到的产品纯且回收率高,溶剂的用量是关键。溶剂用量太大,会使待提纯物过多地留在母液中造成损失;用量太少,在随后的过滤(趁热)中又易析出晶体而损失掉,并且会给操作带来麻烦。因此,一般比理论需要量(刚好形成饱和溶液的量)多加 10%～20% 的溶剂。

3）脱色的方法

不纯的有机物常含有有色杂质,若遇这种情况,常可向溶液中加入少量活性炭来吸附这些杂质,加入活性炭的方法是待沸腾的溶液稍冷后加入,活性炭用量视杂质多少而定,一般为干燥的粗品质量的 1%～5%。然后煮沸 5～10 min,并不时搅拌以防止暴沸。

4）热过滤

为了除去不溶性杂质和活性炭,需要趁热过滤。由于在过滤的过程中溶液的温度下降,往往导致结晶析出,因此常使用保温漏斗(热水漏斗)过滤。保温漏斗要用铁夹固定好,注入热水,并预先烧热。若是易燃的有机溶剂,应熄灭火焰后再进行热过滤;若溶剂是不可燃的,则可煮沸后一边加热一边过滤。

为了提高过滤速度,滤纸最好折成扇形(又称折叠滤纸或菊花滤纸)。具体折法如图 2-3-2 所示。

将圆形滤纸对折,然后对折四分之一,以边 1、3 对边 4 叠成边 5、6,以边 4 对边 5 叠成边 7,以边 4 对 6 叠成边 8,依次以边 1 对边 5 叠成边 10,以边 3 对边 6 叠成边 9。在折叠时应注意,滤纸中心部位不可用力压得太紧,以免在过滤时,滤纸底部由于磨损而破裂。然后将滤纸在边 1 和边 10,边 6 和边 8,边 4 和边 7 等之间各朝相反方向折叠,做成扇形,打开滤纸呈图中状,最后做成如图的折叠滤纸,即可放在漏斗中使用。

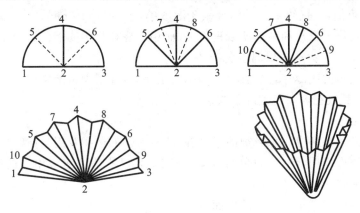

图 2-3-2 扇形滤纸的折法

5）结晶

让热滤液在室温下慢慢冷却,结晶随之形成。如果冷却时无结晶析出,可加入一小颗晶种(原来固体的结晶)或用玻璃棒在液面附近的玻璃壁上稍用力摩擦引发结晶。所形成的晶体太细或过大都不利于纯化。太细则表面积大,易吸附杂质;过大则在晶体中央掺杂溶液且干燥困难。让热滤液快速冷却或振摇会使晶体很细,使热滤液极缓慢冷却则产生的晶体较大。

6）抽气过滤(减压过滤)

把结晶与母液分离一般采用布氏漏斗抽气过滤的方法,其装置如图 2-3-3 所示。根

图 2-3-3 减压过滤装置

据需要选用大小合适的布氏漏斗和刚好覆盖住布氏漏斗底部的滤纸。先用与待滤液相同的溶剂湿润滤纸,然后打开水泵,并慢慢关闭安全瓶上的活塞使抽滤瓶中产生部分真空,使滤纸紧贴漏斗。将待滤液及晶体倒入漏斗中,液体穿过滤纸,晶体收集在滤纸上。关闭水泵前,先将安全瓶上的活塞打开或拆开抽滤瓶与水泵连接的橡皮管,以免水倒吸流入抽滤瓶中。

7) 干燥结晶

用重结晶法纯化后的晶体,其表面还吸附有少量溶剂,应根据所用溶剂及结晶的性质选择恰当的方法进行干燥。固体的干燥方法很多,可根据重结晶所用溶剂及晶体的性质选择。常用的方法有如下几种:①空气干燥;②烘干;③干燥器干燥。

3. 仪器及药品

1) 仪器

抽滤瓶、布氏漏斗等。

2) 药品

乙酰苯胺等。

4. 重结晶练习

(1) 将 2 g 粗制的乙酰苯胺及计量的水加入 100 mL 烧杯中,加热至沸腾,直到乙酰苯胺溶解(若不溶解可适当添加少量热水,搅拌并加热至接近沸腾使乙酰苯胺溶解)。取下烧杯稍冷后再加适量(约 1 g)的活性炭于溶液中,煮沸 5~10 min。

(2) 趁热用热水漏斗和扇形滤纸进行过滤,用一烧杯收集滤液。在过滤过程中,热水漏斗和溶液均应用小火加热保温以免冷却。

(3) 滤液放至彻底冷却,待晶体析出,抽滤出晶体,并用少量溶剂(水)洗涤晶体表面,抽干后,取出产品放在表面皿上晾干或烘干。

【注意事项】

(1) 粗产品的溶解应注意溶剂的量(实际的),溶剂的选择及用量(常多 20%)。

(2) 热过滤操作用活性炭脱色时,不能把其加入已沸腾的溶液中,"防暴沸",用量为干燥粗产品质量的 1%~3%。

(3) 滤纸不应大于布氏漏斗的底面。

(4) 停止抽滤时先将抽滤瓶与水泵之间连接的橡皮管拆开,或者将安全瓶上的活塞打开与大气相通,再关闭泵,防止水倒吸入抽滤瓶内。

【物理常数】

乙酰苯胺的物理常数见表 2-3-2。

表 2-3-2 乙酰苯胺的物理常数

名称	摩尔质量 /(g/mol)	性状	密度 /(g/cm³)	熔点 /℃	沸点 /℃	溶解度 /(g/100 mL)
乙酰苯胺	135.17	白色固体	1.214	114.3	305	5.5

【训练要求】

通过此练习,掌握重结晶的基本步骤。

【训练标准】

从样品的称重、溶解到过滤及过滤装置的安装和操作,还有滤液的蒸发等步骤,能做到熟练而正确操作。

【练后复习】

(1)重结晶的原理是什么？重结晶提纯法的一般过程是怎样的？

(2)重结晶样品若要脱色,应在什么时候加入活性炭？

(3)热过滤对玻璃漏斗和滤纸有什么要求？为什么？

(4)抽滤(减压过滤)装置包括哪三个部分？

(5)抽滤装置中的布氏漏斗下端的斜口在抽滤瓶中应处于什么位置？

(6)在重结晶溶样时,忘记在加热前加入活性炭作脱色剂,应该怎么办？为什么？

(7)在重结晶的抽滤中应如何洗涤晶体？

(8)如果热过滤的溶剂是有挥发性的可燃液体,操作有何不同？

(9)如果热过滤后的溶液不结晶,可采用什么方法使之结晶？

3.3 蒸馏操作

【训练目的】

(1)熟悉蒸馏的基本原理和测定沸点的原理,了解蒸馏和测定沸点的意义。

(2)掌握蒸馏和测定沸点的操作要领。

【训练内容】

蒸馏是利用有机物质的沸点不同,在蒸馏过程中低沸点的组分先蒸出,高沸点的组分后蒸出,从而达到分离提纯的目的。蒸馏时混合液体中各组分的沸点要相差 30 ℃ 以上,才可以进行分离,而要彻底分离沸点要相差 110 ℃ 以上。

液体的分子由于分子运动有从表面逸出的倾向,这种倾向随着温度的升高而增大,进而在液面上部形成蒸气。当分子由液体逸出的速度与分子由蒸气中回到液体中的速度相等时,液面上的蒸气达到饱和,称为饱和蒸气。它对液面所施加的压力称为饱和蒸气压,简称蒸气压。实验证明,液体的蒸气压只与温度有关,即液体在一定温度下具有一定的蒸气压。

当液体的蒸气压增大到与外界施于液面的总压力(通常是大气压力)相等时,就有大量气泡从液体内部逸出,即液体沸腾。这时的温度称为液体的沸点。

纯粹的液体有机化合物在一定的压力下具有一定的沸点(沸程 0.5～1.5 ℃)。利用这一点,可以测定纯液体有机化合物的沸点,此法称为常量法。

但是具有固定沸点的液体不一定是纯粹的化合物,因为某些有机化合物常和其他组分形成二元或三元共沸混合物,它们也有固定的沸点。

常压蒸馏是由仪器安装、加料、加热、收集馏出液四个步骤组成的。

1. 仪器安装

常压蒸馏装置由蒸馏瓶(长颈或短颈圆底烧瓶)、蒸馏头、温度计套管、温度计、直形冷凝管、接收管、接收瓶等组装而成。

(1) 为了保证温度测量的准确性,温度计水银球的位置应如图 2-3-4 所示,即温度计水银球上限与蒸馏头支管下限在同一水平线上。

(2) 任何蒸馏或回流装置均不能密封,否则,当液体蒸气压增大时,轻者蒸气冲开连接口,使液体冲出蒸馏瓶,重者会发生爆炸而引起火灾。

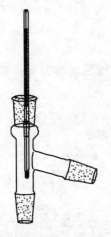

图 2-3-4　温度计水银球的位置

(3) 安装仪器时,应首先确定仪器的高度,一般在铁架台上放一块 2 cm 厚的板,将电热套放在板上,再将蒸馏瓶放置于电热套中间。然后按自下而上、从左至右的顺序组装,仪器组装应做到横平竖直,铁架台一律整齐地放置于仪器背后。

2. 仪器及药品

1) 仪器

蒸馏瓶、温度计、直形冷凝管、尾接管、锥形瓶、量筒等。

2) 药品

工业乙醇等。

3. 蒸馏操作

1) 加料

将待蒸乙醇 100 mL 小心倒入 250 mL 蒸馏瓶中,不要使液体从支管流出。加入几粒沸石(为什么?),塞好带温度计的塞子,注意温度计的位置。再检查一次装置是否稳妥与严密。

2) 加热

先打开冷凝水的水龙头,缓缓通入冷水,然后开始加热。注意冷水自下而上,蒸气自上而下,两者逆流冷却效果好。当液体沸腾,蒸气到达水银球部位时,温度计读数急剧上升,调节热源,让水银球上液滴和蒸气温度达到平衡,蒸馏速度以每秒 1~2 滴为宜。此时温度计读数就是馏出液的沸点。

蒸馏时若热源温度太高,会使蒸气成为过热蒸气,造成温度计所显示的沸点偏高;若热源温度太低,馏出物蒸气不能充分浸润温度计水银球,会造成温度计读得的沸点偏低或不规则。

3) 收集馏出液

准备两个接收瓶,一个接收前馏分(或称为馏头),另一个(需称重)接收所需馏分,并记下该馏分的沸程,即该馏分的第一滴和最后一滴时温度计的读数。

在所需馏分蒸出后,温度计读数会突然下降,此时应停止蒸馏。即使杂质很少,也不要蒸干,以免蒸馏瓶破裂及发生其他意外事故。

4)拆除蒸馏装置

蒸馏完毕,先应撤去热源,然后停止通冷凝水,最后拆除蒸馏装置(与安装顺序相反)。

【注意事项】

(1)蒸馏瓶的选用与被蒸液体量的多少有关,通常装入液体的体积应为蒸馏瓶容积的 1/3～2/3。液体量过多或过少都不宜。在蒸馏低沸点液体时,选用长颈蒸馏瓶;蒸馏高沸点液体时,选用短颈蒸馏瓶。

(2)如在加热开始后发现没加沸石,应停止加热,待稍冷却后再加入沸石。千万不可在沸腾或接近沸腾的溶液中加入沸石,以免在加入沸石的过程中发生暴沸。

(3)温度计应根据被蒸馏液体的沸点来选,低于 100 ℃时,可选用 100 ℃温度计;高于 100 ℃时,应选用 250～300 ℃水银温度计。

(4)冷凝管可分为水冷凝管和空气冷凝管两类,水冷凝管用于被蒸液体沸点低于 140 ℃的情况,空气冷凝管用于被蒸液体沸点高于 140 ℃的情况。

(5)尾接管将冷凝液导入接收瓶中。常压蒸馏选锥形瓶为接收瓶。蒸馏有机溶剂均应使用小口接收器,如锥形瓶。仪器安装顺序为先下后上,先左后右。拆卸仪器时与其顺序相反。

(6)冷凝水流速以能保证蒸气充分冷凝为宜,通常只需保持缓缓水流即可。

【物理常数】

乙醇的物理常数见表 2-3-3。

表 2-3-3　乙醇的物理常数

名称	相对分子质量	性状	折光率	相对密度	熔点/℃	沸点/℃	溶解度/(g/100 mL)		
							水	醇	醚
乙醇	46.07	液体	1.3600	0.780	−114.5	78.4	∞	∞	∞

【训练要求】

(1)通过本训练的练习,掌握蒸馏仪器的安装和使用。

(2)熟练地掌握蒸馏的操作规范。

【训练标准】

(1)熟练地安装蒸馏装置。

(2)掌握标准的蒸馏操作方法。

【练后复习】

(1)在蒸馏过程中为何要加入沸石? 如加热后发觉未加沸石应如何补加? 为什么?

(2)蒸馏装置中温度计水银球的位置应在何处?

(3)如果加热过猛,测定出来的沸点会不会偏高? 为什么?

(4)为什么蒸馏时最好控制馏出液的速度为每秒 1～2 滴?

3.4 分馏操作

【训练目的】

(1) 熟悉分馏的基本原理。

(2) 掌握分馏柱的工作原理和常压下的简单分馏操作方法。

【训练内容】

分馏和蒸馏的基本原理是一样的,都是利用有机物质的沸点不同,在蒸馏过程中低沸点的组分先蒸出,高沸点的组分后蒸出,从而达到分离提纯的目的。

将几种沸点相近的混合物进行分离的方法称为分馏。将几种具有不同沸点而又可以完全互溶的液体混合物加热,当其总蒸气压等于外界压力时,就开始沸腾,蒸气中易挥发液体的成分较在原混合液中为多。在分馏柱内,当上升的蒸气与下降的冷凝液互相接触时,上升的蒸气部分冷凝放出热量使下降的冷凝液部分汽化,两者之间发生了热量交换,其结果是上升蒸气中易挥发组分增加,而下降的冷凝液中高沸点组分(难挥发组分)增加。如此继续多次,就等于进行了多次气液平衡,即达到了多次蒸馏的效果。靠近分馏柱顶部易挥发物质的组分比例高,而在烧瓶里高沸点组分(难挥发组分)的比例高。这样只要分馏柱足够高,就可将这种组分彻底分开。

分馏可使沸点相近的互溶液体混合物(甚至沸点仅相差 1～2 ℃)得到分离和纯化。工业上的精馏塔就相当于分馏柱。

1. 仪器

分馏装置是由圆底烧瓶、分馏柱、冷凝管、尾接管和接收器组成。

分馏装置的安装方法、安装顺序与蒸馏装置的相同。在安装时,要注意保持烧瓶与分馏柱的中心轴线上下对齐,注意烧瓶、分馏柱应分别用铁夹固定在同一铁架上。使"上下一条线",不要出现倾斜状态。同时,将分馏柱用石棉绳、玻璃布或其他保温材料进行包扎,保持柱内适宜的温度梯度,提高分馏效率。

2. 分馏练习

以乙醇-水混合物的分馏为例。

(1) 在 100 mL 圆底烧瓶内放置 20 mL 乙醇、20 mL 水及 1～2 粒沸石,按简单分馏装置安装仪器。

(2) 在冷凝管夹套内通入冷水,开始缓缓加热,当液体开始沸腾后,蒸气慢慢上升进入分馏柱,当蒸气上升到柱顶,温度计水银球部出现液滴时,停止加热使到达顶端的蒸气全部冷凝回流,并控制使其不进入分馏柱的侧管,3～5 min 后,再重新加热至馏出液体,记下第一滴馏出液的温度。

(3) 调节加热的速率,使蒸气缓慢上升以保持分馏柱内有一个均匀的温度梯度,并控制馏出液的速度为每秒 2～3 滴。将 80 ℃ 以前的馏分收集在一个接收瓶中。

【训练要求】

(1) 通过本训练的练习,掌握分馏的原理和分馏柱的使用。

(2) 掌握常压下的简单分馏操作方法。

【训练标准】

(1) 正确地进行常压下的简单分馏操作。

(2) 实验结束后整理好操作台。

3.5 水蒸气蒸馏操作

【训练目的】

(1) 学习水蒸气蒸馏的原理及其应用。

(2) 认识水蒸气蒸馏的主要仪器,掌握水蒸气蒸馏的装置及其操作方法。

【训练内容】

水蒸气蒸馏是将水蒸气通入不溶于水的有机物中,使有机物与水经过共沸而蒸出的操作过程。水蒸气蒸馏是分离和纯化与水不相混溶的挥发性有机物常用的方法。适用范围如下。

(1) 从大量树脂状杂质或不挥发性杂质中分离有机物。

(2) 除去不挥发性的有机杂质。

(3) 从含固体较多的反应混合物中分离被吸附的液体产物。

(4) 水蒸气蒸馏常用于蒸馏那些沸点很高且在温度接近或达到沸点时易分解、变色的挥发性液体或固体有机物,除去不挥发性的杂质。但是对于那些与水共沸时会发生化学反应或在 100 ℃时蒸气压小于 1.3 kPa 的物质,这一方法不适用。分压定律:当水与有机物混合共热时,其总蒸气压为各组分分压之和,即

$$p = p_{H_2O} + p_A$$

当总蒸气压(p)与大气压相等时,液体沸腾。有机物可在比其沸点低得多的温度,而且在低于 100 ℃的温度下随蒸气一起蒸馏出来,这样的操作称为水蒸气蒸馏。馏出液组分的计算举例如下。

假定两组分是理想气体,则根据 $pV = nRT = mRT/M$,得

$$\frac{m_A}{m_{H_2O}} = \frac{M_A p_A}{M_{H_2O} p_{H_2O}}$$

例如:苯甲醛(沸点为 178 ℃)进行水蒸气蒸馏时,在 97.9 ℃沸腾。这时

$$p_{H_2O} = 703.5 \text{ mmHg} (1 \text{ mmHg} = 133.322 \text{ Pa})$$

$$p_{C_6H_5CHO} = (760 - 703.5) \text{ mmHg} = 56.5 \text{ mmHg}$$

$$M_{C_6H_5CHO} = 106 \text{ g/mol}, \quad M_{H_2O} = 18 \text{ g/mol}$$

代入上式得

$$\frac{m_{C_6H_5CHO}}{m_{H_2O}} = \frac{106 \times 56.5}{18 \times 703.5} = 0.473$$

即每蒸出 0.473 g C_6H_5CHO,需蒸出水的量为 1 g。若蒸出 10 mL C_6H_5CHO,需蒸出水量(理论):

$$\frac{10 \times 1.041}{0.473} \text{ mL} = \frac{10.41}{0.473} \text{ mL} = 22 \text{ mL}$$

即蒸馏 10 mL C_6H_5CHO,有 22 mL H_2O 被蒸出。这个数值为理论值,因为实验时有相当一部分水蒸气来不及与被蒸馏物充分接触便离开蒸馏瓶,同时苯甲醛微溶于水,所以实验蒸馏出的水量往往超过计算值,计算值仅为近似值。

1. 仪器及药品

1) 仪器

水蒸气蒸馏装置(图 2-3-5)等。

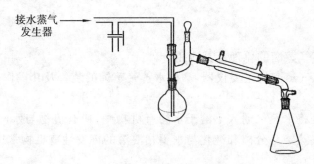

接水蒸气
发生器

图 2-3-5　水蒸气蒸馏装置

2) 药品

苯胺等。

2. 步骤与要求

(1) 把要蒸馏的物质倒入烧瓶中,其量约为烧瓶容量的 1/3。操作前,水蒸气蒸馏装置应经过检查,必须严密不漏气。

(2) 开始蒸馏时,先把 T 形管上的夹子打开,用火把发生器里的水加热到沸腾。当有水蒸气从 T 形管的支管冲出时,再旋紧夹子,让水蒸气通入烧瓶中,这时可以看到瓶中的混合物翻腾不息,不久在冷凝管中就出现有机物质和水的混合物。调节火焰,使瓶内的混合物不致飞溅得太厉害,并控制馏出液的速度为每秒 2～3 滴。为了使水蒸气不致在烧瓶内过多地冷凝,在蒸馏时通常也可用小火将烧瓶加热。

(3) 在操作时,要随时注意安全管中的水柱是否发生不正常的上升现象,以及烧瓶中的液体是否发生倒吸现象。一旦发生这种现象,应立刻打开夹子,移去热源,找出发生故障的原因。必须在把故障排除后,才可继续蒸馏。

(4) 当馏出液澄清透明不再含有有机物质的油滴时,一般可停止蒸馏。这时应首先打开夹子,然后移去火焰。

【注意事项】

(1) 明确水蒸气蒸馏应用于分离和纯化时其分离对象的范围。

(2) 保证水蒸气蒸馏顺利完成的措施。

(3) 实验过程中及时进行故障的判断及排除。

（4）将所分离样品进行处理及纯化。

【物理常数】

苯胺的物理常数见表 2-3-4。

表 2-3-4　苯胺的物理常数

名称	相对分子质量	性状	折光率	相对密度	熔点/℃	沸点/℃	溶解性		
							水	醇	醚
苯胺	93.13	无色油状液体	1.5860	1.022	−6	184	易溶	易溶	易溶

【训练要求】

（1）熟悉水蒸气蒸馏的原理。

（2）掌握水蒸气蒸馏的操作方法。

【训练标准】

（1）正确掌握水蒸气蒸馏的方法。

（2）实验结束后整理好操作台。

【练后复习】

（1）水蒸气蒸馏用于分离和纯化有机物时,被提纯物质应该具备什么条件? 蒸气发生器通常的盛水量为多少?

（2）蒸馏瓶所装液体体积应为瓶容积的多少? 蒸馏中需停止蒸馏或蒸馏完毕后的操作步骤是什么?

（3）进行水蒸气蒸馏时,水蒸气导入管的末端为什么要插入至接近容器的底部?

3.6　减压蒸馏操作

【训练目的】

（1）学习减压蒸馏的基本原理。

（2）掌握减压蒸馏的实验操作和技术。

【训练内容】

减压蒸馏是分离和提纯有机化合物的常用方法之一。它特别适用于那些在常压蒸馏时未达沸点即已受热分解、氧化或聚合的物质。液体的沸点是指它的蒸气压等于外界压力时的温度,因此液体的沸点是随外界压力的变化而变化的,如果借助于真空泵降低系统内压力,就可以降低液体的沸点,这便是减压蒸馏操作的理论依据。液体有机化合物的沸点随外界压力的降低而降低,温度与蒸气压的关系见图 2-3-6。

沸点与压力的关系可近似地用下式求出:

$$\lg p = A + \frac{B}{T}$$

式中:p 为蒸气压;T 为沸点(热力学温度);A、B 为常数。

如以 $\lg p$ 为纵坐标，$\frac{1}{T}$ 为横坐标，可以近似地得到一直线。

液体在常压、减压下沸点的近似关系见图 2-3-7。

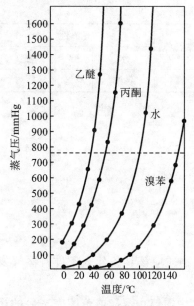

图 2-3-6 温度与蒸气压的关系

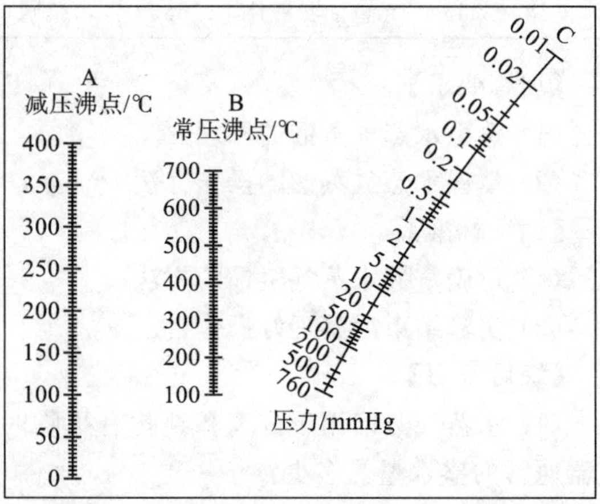

图 2-3-7 液体在常压、减压下沸点的近似关系

1. 仪器及药品

1) 仪器

减压蒸馏装置(主要由蒸馏、抽气(减压)、安全保护和测压等四部分装置组成(图2-3-8)，蒸馏部分由蒸馏瓶、克氏蒸馏头、毛细管、温度计及冷凝管、接收器等组成)等。

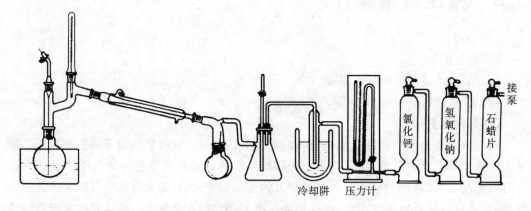

图 2-3-8 减压蒸馏装置

2) 药品

正丁醇等。

2. 步骤与要求

(1) 将仪器安装好后，先检查系统是否漏气，方法是关闭毛细管，减压至压力稳定后，

夹住连接系统的橡皮管,观察压力计水银柱是否有变化,无变化说明不漏气,有变化即表示漏气。为使系统密闭性好,磨口仪器的所有接口部分都必须用真空油脂润涂好。

(2)检查仪器不漏气后,加入待蒸的液体,液体量不要超过蒸馏瓶的一半,关好安全瓶上的活塞,开动油泵,调节毛细管导入的空气量,以能冒出一连串小气泡为宜。当压力稳定后,开始加热。液体沸腾后,应注意控制温度,并观察沸点的变化情况。待沸点稳定时,转动多尾接液管接收馏分,蒸馏速度以每秒 0.5~1 滴为宜。

(3)蒸馏完毕,除去热源,慢慢旋开夹在毛细管上的橡皮管的螺旋夹,待蒸馏瓶稍冷后再慢慢开启安全瓶上的活塞,平衡内、外压力(若开得太快,水银柱很快上升,有冲破压力计的可能),然后才关闭抽气泵。

【注意事项】

如果空气被允许从别的某处进入装置中而控制毛细管的螺旋夹却仍旧关闭着,那么液体就可能倒灌而在毛细管中上升。

【物理参数】

正丁醇的物理常数见表 2-3-5。

表 2-3-5　正丁醇的物理常数

名称	相对分子质量	性状	折光率	相对密度	熔点/℃	沸点/℃	溶解度/(g/100 mL)		
							水	醇	醚
正丁醇	74.12	无色透明液体	1.3993	0.80978	−89.12	117.7	7.920	∞	∞

【训练要求】

掌握正确安装和操作减压蒸馏装置的方法。

【训练标准】

(1)正确安装减压蒸馏装置。

(2)检查气密性、减压、加热。

(3)实验结束后做好善后工作。

【练后复习】

(1)具有什么性质的化合物需用减压蒸馏进行提纯?

(2)当减压蒸完所要的化合物后,应如何停止减压蒸馏?为什么?

(3)减压蒸馏为什么能在较低温度下实现蒸馏操作?其优点是什么?

(4)一套减压蒸馏装置中总有一个安全瓶,它起什么作用?

3.7　升华操作

【训练目的】

(1)了解升华的原理、意义。

(2)学习实验室常用的升华方法。

【训练内容】

升华是提纯固体有机化合物的方法之一。

某些物质在固态时具有相当高的蒸气压,当加热时,不经过液态而直接汽化,这个过程称为升华,蒸气受到冷却又直接冷凝为固体。表2-3-6中列出樟脑和蒽醌的温度和蒸气压关系,它们在温度达到熔点之前,蒸气压已相当高,可以进行升华。

表 2-3-6　樟脑、蒽醌的温度和蒸气压关系

樟脑	温度/℃	20	60	80	100	120	160
(熔点 176 ℃)	蒸气压/mmHg	0.15	0.55	9.15	20.05	48.1	218.8
蒽醌	温度/℃	200	220	230	240	250	270
(熔点 285 ℃)	蒸气压/mmHg	1.8	4.4	7.1	12.3	20.0	52.6

注:1 mmHg=133.322 Pa。

若固态混合物具有不同的挥发度,则可应用升华法提纯。升华得到的产品一般具有较高的纯度。此法特别适用于纯化易潮解及与溶剂起解离作用的物质。

升华法只能用于在不太高的温度下有足够大的蒸气压(在熔点前高于 266.6 Pa)的固态物质,因此有一定的局限性。

图 2-3-9 是常压下简单的升华装置,瓷蒸发皿盛粉碎了的样品,上面用一个直径小于蒸发皿的漏斗覆盖,漏斗颈用棉花塞住,防止蒸气逸出,两者用一张穿有许多小孔(孔刺向上)的滤纸隔开,以避免升华上来的物质再落到蒸发皿内,操作时,可用沙浴(或其他热浴)加热,小心调节火焰,控制浴温(低于被升华物质的熔点),而让其慢慢升华。蒸气通过滤纸小孔,冷却后凝结在滤纸上或漏斗壁上。

若物质具有较高的蒸气压,可采用如图 2-3-10 所示的装置。

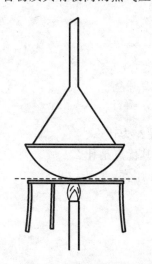

图 2-3-9　升华少量物质的装置

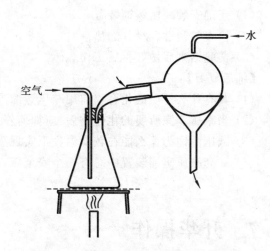

图 2-3-10　在空气或惰性气流中物质的升华

为了加快升华速度,可在减压下进行升华。减压升华法特别适用于常压下其蒸气压不大或受热易分解的物质,图 2-3-11 所示装置用于少量物质的减压升华。通常用油浴加热,并视具体情况而采用油泵或水泵抽气。

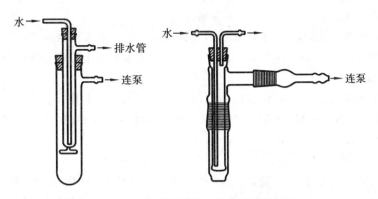

图 2-3-11 减压升华少量物质的装置

【训练要求】

通过本训练的练习,掌握升华操作。

【训练标准】

(1)能正确安装升华装置。

(2)掌握标准的升华操作方法。

项目四 干 燥 操 作

干燥是指除去附在固体或混杂在液体或气体中的少量水分,也包括了除去少量溶剂。因此,干燥是最常用且十分重要的基本操作。

有机物干燥的方法大致有物理方法(不加干燥剂)和化学方法(加入干燥剂)两种。物理方法如吸收、分馏等,近年来应用分子筛来脱水。在实验室中常用化学干燥法,其特点是在有机液体中加入干燥剂,干燥剂与水起化学反应(例如 $Na + H_2O \longrightarrow NaOH + H_2\uparrow$)或同水结合生成水合物,从而除去有机液体所含的水分,达到干燥的目的。用这种方法干燥时,有机液体中所含的水分不能太多(一般在百分之几以下)。否则,必须使用大量的干燥剂,同时有机液体因被干燥剂带走而造成的损失也较大。

4.1 有机物常用干燥剂

常用干燥剂有下列几种。

1. 无水氯化钙

无水氯化钙价廉、吸水能力强,是常用的干燥剂之一,与水化合可生成一水化合物、二水化合物、四水化合物或六水化合物(在 30 ℃以下)。它只适于烃类、卤代烃、醚类等有机物的干燥,不适于醇、胺和某些醛、酮、酯等有机物的干燥,因为能与它们形成配合物。也不宜用作酸(或酸性液体)的干燥剂。

2．无水硫酸镁

无水硫酸镁为中性盐，不与有机物和酸性物质起作用。它可作为各类有机物的干燥剂，它与水生成 $MgSO_4 \cdot 7H_2O$(48 ℃以下)，也用于不能用无水氯化钙来干燥的许多化合物。

3．无水硫酸钠

无水硫酸钠的用途和无水硫酸镁相似，价廉，但吸水能力和吸水速度都差一些。它与水结合生成 $Na_2SO_4 \cdot 10H_2O$(37 ℃以下)。当有机物水分较多时，常先用本品处理后再用其他干燥剂处理。

4．无水碳酸钾

无水碳酸钾的吸水能力一般，与水生成 $K_2CO_3 \cdot 2H_2O$，作用慢，可用于干燥醇、酯、酮、腈类等中性有机物和生物碱等一般的有机碱性物质，但不适用于干燥酸、酚或其他酸性物质。

5．金属钠

醚、烷烃等有机物用无水氯化钙或硫酸镁等处理后，若仍含有微量的水分，可加入金属钠(切成薄片或压成丝)除去。金属钠不宜用作醇、酯、酸、卤代烃、醛、酮及某些胺等能与碱起反应或易被还原的有机物的干燥剂。

现将各类有机化合物的常用干燥剂列于表 2-4-1 中。

表 2-4-1　各类有机化合物的常用干燥剂

液体有机化合物	常用的干燥剂
醚类、烷烃、芳烃	$CaCl_2$、Na_2SO_4、P_2O_5
醇类	K_2CO_3、$MgSO_4$、Na_2SO_4、CaO
醛类	$MgSO_4$、Na_2SO_4
酮类	$MgSO_4$、Na_2SO_4、K_2CO_3
酸类	$MgSO_4$、Na_2SO_4
酯类	$MgSO_4$、Na_2SO_4、K_2CO_3
卤代烃	$CaCl_2$、$MgSO_4$、Na_2SO_4、P_2O_5
有机碱类(胺类)	$NaOH$、KOH

4.2　干燥剂的选择

常用干燥剂的种类很多，选用时必须注意下列几点。

(1) 与被干燥的物质不发生任何化学反应。

(2) 干燥速度要快，吸水能力要大。

(3) 价格低廉，用少量干燥剂就能使大量液体干燥。

(4) 对有机溶剂或溶质，必须无催化作用，以免产生缩合、聚合或自动氧化等作用。

(5) 不溶于被干燥的液体中。

4.3　干燥操作

1. 液体的干燥

液体有机化合物的干燥操作一般在干燥的锥形瓶内进行。将按照条件选定的干燥剂投入液体里,塞紧瓶塞(用金属钠作干燥剂时则例外,此时塞中应插入一个无水氯化钙管,使氢气放出而水蒸气不致进入),振荡片刻,静置,使所有的水分全被吸去。如果水分太多,或干燥剂用量太少,致使部分干燥剂溶解于水,可将干燥剂滤出,用吸管吸出水层,再加入新的干燥剂,放置一段时间,使液体与干燥剂分离,进行蒸馏精制。

2. 固体的干燥

从重结晶得到的固体常带有水分或有机溶剂,应根据化合物的性质选择适当的方法进行干燥。

1) 自然晾干

这是最简便、最经济的干燥方法。先把要干燥的化合物在滤纸上面压平,然后在一张滤纸上面薄薄地摊开,用另一张滤纸覆盖起来,在空气中慢慢地晾干。

2) 加热干燥

对热稳定的固体可以放在烘箱内烘干,加热的温度切忌超过该固体的熔点,以免固体变色和分解,如果需要可在真空恒温干燥箱中干燥。

3) 红外线干燥

特点是穿透性强,干燥快。

4) 干燥器干燥

对易吸湿或在较高温度干燥时,会分解或变色的物质可用干燥器干燥,干燥器有普通干燥器和真空干燥器两种。

项目五　有机物物理常数测定

5.1　熔点测定的方法与操作

【训练目的】

(1) 了解熔点测定的意义。

(2) 掌握熔点测定的操作方法。

(3) 了解利用对纯有机化合物的熔点测定校正温度计的方法。

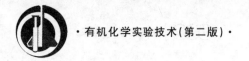

【训练内容】

1. 实验原理

熔点是固体有机化合物固、液两态在大气压下达成平衡时的温度,纯净的固体有机化合物一般都有固定的熔点,固、液两态之间的变化是非常敏锐的,自初熔至全熔温度(称为熔程)不超过 1 ℃。

加热纯有机化合物,当温度接近其熔点范围时,升温速度随时间变化约为恒定值,此时用加热时间对温度作图(图 2-5-1)。

化合物温度低于熔点时以固相存在,加热使温度上升,达到熔点。开始有少量液体出现,而后固、液相平衡。继续加热,温度不再变化,此时加热所提供的热量使固相不断转变为液相,两相间仍保持平衡,固体熔化后,继续加热则温度线性上升。因此,在接近熔点时,加热速度一定要慢,每分钟温度升高不能超过 2 ℃,只有这样,才能使整个熔化过程尽可能接近于两相平衡条件,测得的熔点也较精确。当含杂质时,在一定的压力和温度下,在溶剂中增加溶质,导致溶剂蒸气分压降低(图 2-5-2 中 $M'L'$),固、液两相交点 M' 即代表含杂质的物质达到熔点时的固、液相的平衡共存点,M' 所对应的温度为含杂质时的熔点,显然,此时的熔点较纯物质时低。

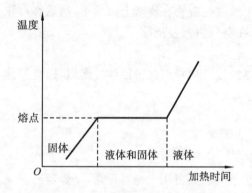

图 2-5-1　相随时间和温度的变化

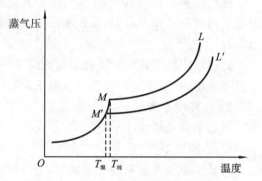

图 2-5-2　物质蒸气压随温度变化曲线

在鉴定某未知物时,如测得其熔点和某已知物的熔点相同或相近,不能认为它们为同一物质。还需把它们混合,测该混合物的熔点,若熔点仍不变,才能认为它们为同一物质。若混合物熔点降低,熔程增大,则说明它们属于不同的物质。故此种混合熔点实验,是检验两种熔点相同或相近的有机物是否为同一物质的最简便方法。多数有机物的熔点都在400 ℃以下,较易测定。但也有一些有机物在其熔化以前就发生分解,只能测得分解点。

2. 仪器及药品

仪器:温度计、B 形管(提勒管)。

药品:石蜡、尿素、苯甲酸、乙酰苯胺、萘、未知物等。

3. 步骤与要求

1) 样品的装入

将少许样品放置于干净的表面皿上,用玻璃棒将其研细并集成一堆。把毛细管(内径1 mm、长 60~70 mm)开口一端垂直插入堆集的样品中,使一些样品进入管内,然后,将该毛细管垂直于桌面轻轻上下震动,使样品进入管底,再用力在桌面上震动,尽量使样品装得紧密。或将装有样品、管口向上的毛细管,放入长 50～60 cm 垂直于桌面的玻璃管中,管下可垫一表面皿,使之从高处落于表面皿上,如此反复几次后,可把样品装实,样品高度 2～3 mm。熔点毛细管外的样品粉末要擦干净,以免污染热浴液体。装入的样品一定要研细、夯实。否则会影响测定结果。

2)测熔点

装好装置,放入加热液(浓硫酸),用温度计水银球蘸取少量加热液,小心地将熔点毛细管黏附于水银球壁上,或剪取一小段橡皮圈套在温度计和熔点毛细管的上部。将黏附有熔点毛细管的温度计小心地插入加热液中,以小火在图 2-5-3 所示部位加热。开始时升温速度可以快些,当加热液温度距离该化合物熔点 10～15 ℃时,调整火焰使温度每分钟上升 1～2 ℃,越接近熔点,升温速度应越缓慢,每分钟升温 0.2～0.3 ℃。为了保证有充分时间让热量由管外传至熔点毛细管内使固体熔化,升温速度是准确测定熔点的关键;另一方面,观察者不可能同时观察温度计所示读数和试样的变化情况,只有缓慢加热才可使此项误差减小。记下试样开始塌落并有液相产生时(初熔)和固体完全消失时(全熔)的温度读数,即为该化合物的熔程。要注意在加热过程中试祥是否有萎缩、变色、发泡、升华、炭化等现象,如有均应如实记录。

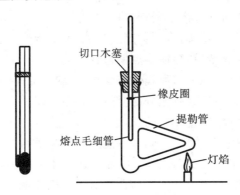

图 2-5-3　熔点测定装置

熔点测定,至少要有两次的重复数据。每一次测定必须用新的熔点毛细管另装试样,不得将已测过熔点的熔点毛细管冷却,使其中试样固化后再做第二次测定。因为有时某些化合物部分分解,有些经加热会转变为具有不同熔点的其他结晶形式。

如果测定未知物的熔点,应先对试样粗测一次,加热可以稍快,知道大致的熔程,待浴温冷却至熔点以下 30 ℃左右,再另取一根装好试样的熔点毛细管做准确的测定。熔点测定后,温度计的读数须对照校正图进行校正。一定要等熔点毛细管冷却后,方可将硫酸(或液体石蜡)倒回瓶中。温度计冷却后,用纸擦去硫酸才可用水冲洗,以免硫酸遇水放热,使温度计水银球破裂。

3)温度计校正

测熔点时,温度计上的熔点读数与真实熔点之间常有一定的偏差,这可能是由于以下原因。首先,温度计的制作质量差,如毛细孔径不均匀,刻度不准确。其次,温度计有全浸式和半浸两种,全浸式温度计的刻度是在温度计汞线全部均匀受热的情况下刻出来的,而测熔点时仅有部分汞线受热,因而露出的汞线温度较全部受热者低。为了校正温度计,可选用纯有机化合物的熔点作为标准或选用一标准温度计校正。

选择数种已知熔点的纯化合物作为标准,测定它们的熔点,以观察到的熔点为纵坐标,测得的熔点与已知熔点差值为横坐标,画成曲线(图 2-5-4),即可从曲线上读出任一温度下的校正值。

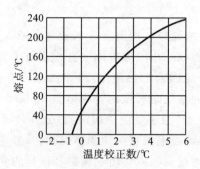

图 2-5-4　温度校正曲线

【注意事项】

(1) 熔点毛细管必须洁净。如含有灰尘等,能产生 4～10 ℃的误差。

(2) 熔点毛细管底未封好会产生漏管。

(3) 样品粉碎要细,填装要实,否则会产生空隙,不易传热,使熔程变大。

(4) 样品不干燥或含有杂质,会使熔点偏低,熔程变大。

(5) 样品量太少则不便于观察,而且熔点偏低;太多则会使熔程变大,熔点偏高。

(6) 升温速度应慢,让热传导有充分的时间。升温速度过快时,熔点偏高。

(7) 熔点毛细管壁太厚,热传导时间长,会使熔点偏高。

(8) 使用硫酸作加热液时要特别小心,不能让有机物碰到浓硫酸,否则使加热液颜色变深,有碍熔点的观察。若出现这种情况,可加入少许硝酸钾晶体共热后使之脱色。采用浓硫酸作加热液,适用于测熔点在 220 ℃以下的样品。若要测熔点在 220 ℃以上的样品,可用其他加热液。

【训练要求】

通过本训练的练习,能够熟练地掌握测定熔点的方法和温度计校正的方法。

【训练标准】

(1) 准确和熟练地安装仪器。

(2) 熟练掌握操作步骤。

(3) 结果处理准确。

【练后复习】

测熔点时,若有下列情况将产生什么结果?

(1) 熔点毛细管壁太厚。

(2) 熔点毛细管底部未完全封闭,尚有一针孔。

(3) 熔点毛细管不洁净。

(4) 样品未完全干燥或含有杂质。

（5）样品研得不细或装得不紧密。

（6）加热太快。

5.2 沸点的测定

【训练目的】

（1）了解测定有机物沸点的意义。

（2）理解微量法测定沸点的原理和方法。

（3）复习提勒管的使用方法。

【训练内容】

1. 实验原理

当液体化合物受热时，其蒸气压将随温度的升高而增大。当液体的蒸气压与外界气压相等时，液体开始沸腾，此时的温度称为该液体的沸点。在一定压力下，纯液体的化合物都有一定的沸点，而且沸程很小（0.5～1 ℃），所以沸点是物质重要的物理常数，它的确定有助于对物质的确证。沸点的测定有常量法和微量法两种方法，常量法的装置和操作方法与前面的蒸馏操作相同，液体不纯时沸程较长，在这种情况下无法确定液体的沸点，应先把液体用其他方法提纯后再进行测定。如果提供的液体不足以做沸点的常规测定（液体的量在 10 mL 以下），应采用微量法测定沸点，沸点测定管如图 2-5-5 所示。

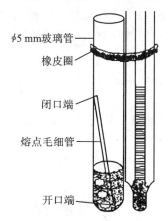

ϕ5 mm玻璃管
橡皮圈
闭口端
熔点毛细管
开口端

图 2-5-5 微量法测定沸点装置

2. 仪器及药品

1）仪器

毛细管、玻璃管（ϕ5 mm，一端封口）、胶头滴管、温度计、橡皮圈、缺口橡皮塞、烧杯、玻璃棒、电磁炉、铁架台等。

2）药品

丙酮、乙醇等。

3. 步骤与要求

1) 沸点管的拉制

将玻璃管放在酒精喷灯或煤气灯中左右移动预热,既除去管内水汽,又使其受热均匀。然后将要拉伸的部分放在火焰中加热,烧至暗红色,移出火焰,小心地沿着水平方向向外拉伸至其为内径 3~4 mm 的毛细管,根据需要,截取长 7~8 cm 的一段,用小火封闭一端,作为沸点管的外管。另用拉成内径为 1 mm 的毛细管,截取长 8~9 cm 的两根,先在火焰上将它们的一端均熔封,然后将封口用火焰加热对接起来,在离接头 4~5 mm 处整齐切断,作为内管,把内管插入外管中,即构成一套沸点管(图 2-5-5)。

2) 微量法测定沸点

取 1~2 滴待测样品滴入沸点管的外管中,将内管插入外管中,然后用小橡皮圈把沸点管附于温度计旁,挂于铁架台上,放入盛有水的烧杯中,进行加热,加热时由于气体膨胀,内管中会有小气泡缓缓逸出。此时停止加热,使溶液自行冷却,气泡逸出的速度渐渐下降。最后在气泡不再冒出并要缩回内管的瞬间记录温度,此时的温度即为该液体的沸点,待温度下降 15~20 ℃后,可重新按上述方法进行测定,每组测定 2~3 次。

【训练要求】

(1) 学会沸点管的制备。

(2) 掌握用微量法测定沸点。

【训练标准】

用微量法测定乙醇、丙酮的沸点。

【练后复习】

(1) 什么叫沸点? 如果某液体具有恒定的沸点,据此是否可判断它一定是纯净物?

(2) 微量法测定沸点,为什么把液体样品中的气泡刚要缩回内管时的温度作为该液体的沸点?

(3) 微量法测定沸点时,待测样品取得过多或取得过少时,对沸点的测定结果有什么影响?

(4) 微量法测定沸点应注意加热不能过快,被测液体不宜太少,以防液体全部汽化。判断何时为样品的沸点,并正确记录。

5.3　折光率的测定方法与操作

【训练目的】

(1) 了解阿贝折光仪的构造和折光率测定的基本原理。

(2) 掌握用阿贝折光仪测定液体有机化合物折光率的方法。

【训练内容】

一般来说,光在两种不同介质中的传播速度是不相同的,所以光线从一种介质进入另一种介质,当它的传播方向与两种介质的界面不垂直时,则在界面处传播方向发生改变,这种现象称为光的折射。

1. 阿贝折光仪结构

阿贝折光仪结构见图 2-5-6,主要组成部分是两块直角棱镜,上面一块的表面是光滑的,下面一块的表面是磨砂的,可以开启。上边有镜筒和刻度盘。

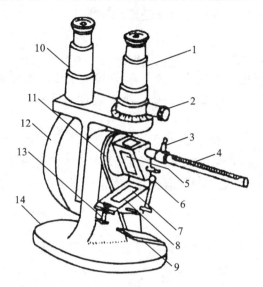

图 2-5-6　阿贝折光仪结构

1—测量镜;2—消色散手柄;3—恒温出水口;4—温度计;5—测量棱镜;6—铰链;7—辅助棱镜;
8—加液槽;9—反射镜;10—读数望远镜;11—转轴;12—刻度盘罩;13—锁钮;14—底盘

2. 操作要点

(1) 将阿贝折光仪置于靠窗口的桌上或白炽灯前,但避免阳光直射,用超级恒温槽通入所需温度的恒温水于两棱镜夹套中,棱镜上的温度计应指示所需温度,否则应重新调节恒温槽的温度。

(2) 松开锁钮,打开棱镜,滴 1～2 滴丙酮在玻璃面上,合上两棱镜,待镜面全部被丙酮湿润后再打开,用擦镜纸轻擦干净。

(3) 用重蒸水校正,打开棱镜,滴 1 滴蒸馏水于下面镜面上,在保持下面镜面水平情况下关闭棱镜,转动刻度盘罩外手柄(棱镜被转动),使刻度盘上的读数等于蒸馏水的折光率($n_D^{20}=1.33299$,$n_D^{25}=1.3325$),调节反射镜使入射光进入棱镜组,并从测量镜中观察,使视场最明亮,调节测量镜(目镜),使视场十字线交点最清晰。转动消色调节器,消除色散,得到清晰的明暗界线,然后用仪器附带的小旋棒旋动位于镜筒外壁中部的调节螺丝,使明暗线对准十字交点,校正即完毕。

(4) 用丙酮清洗镜面后,滴加 1～2 滴样品于毛玻璃面上,闭合两棱镜,旋紧锁钮。如样品很易挥发,可用滴管从棱镜间小槽中滴入。

转动刻度盘罩外手柄(棱镜被转动),使刻度盘上的读数为最小,调节反射镜使光进入棱镜组,并从测量镜中观察,使视场最明亮,再调节目镜,使视野十字线交点最清晰。

再次转动罩外手柄,使刻度盘上的读数逐渐增大,直到观察到视场中出现半明半暗的现象,并在交界处有彩色光带,这时转动消色散手柄,使彩色光带消失,得到清晰的明暗界线,继续转动罩外手柄使明暗界线正好与目镜中的十字线交点重合。从刻度盘上直接读取折光率。

【注意事项】

(1) 要特别注意保护棱镜镜面,滴加液体时防止滴管口划伤镜面。

(2) 每次擦拭镜面时,只许用擦镜纸轻擦,测试完毕,也要用丙酮洗净镜面,待干燥后才能合拢棱镜。

(3) 不能测量酸性、碱性或具有腐蚀性的液体。

(4) 测量完毕,拆下连接恒温槽的橡皮管,棱镜夹套内的水要排尽。

(5) 若无恒温槽,所得数据要加以修正,通常温度每升高 1 ℃,液体化合物折光率降低$(3.5\sim5.5)\times10^{-4}$。

【训练要求】

(1) 通过本训练的练习,掌握阿贝折光仪的构造和折光率测定的基本原理。

(2) 掌握用阿贝折光仪测定液体有机化合物折光率的方法。

【训练标准】

(1) 正确地操作阿贝折光仪。

(2) 掌握用阿贝折光仪测液体有机化合物折光率的方法。

5.4　旋光度的测定方法与操作

【训练目的】

(1) 了解旋光仪的构造。

(2) 掌握使用旋光仪测定物质的旋光度的方法。

(3) 掌握比旋光度的计算。

【训练内容】

某些有机化合物因具有手性,能使偏光振动平面旋转,使偏光振动向左旋转的为左旋物质,使偏光振动向右旋转的为右旋物质。

一个化合物的旋光性,可用它的比旋光度或分子旋光度来表示。物质的旋光度与溶液的浓度、溶剂、温度、旋光管长度和所用的波长等都有关系。因此,在测定旋光度时各有关因素都应表示出来。

$$纯液体的比旋光度=[\alpha]_\lambda^t=\frac{\alpha}{l\rho}\quad或\quad溶液的比旋光度=[\alpha]_\lambda^t=\frac{\alpha}{l\rho_B}$$

式中:$[\alpha]_\lambda^t$ 表示旋光性物质在温度为 t,光源的波长为 λ 时的比旋光度,t 为测定时的温度,λ 为光源的波长,α 为标尺盘转动角度的读数(即旋光度);l 为旋光管的长度(以 dm 为单位);ρ 为密度;ρ_B 为质量浓度(100 mL 溶液中所含样品的质量,单位为 g/100 mL)。

比旋光度是物质特性参数之一,通过测定旋光度,可以检定旋光性物质的纯度和含量。测定旋光度的仪器称为旋光仪,其基本结构和光路示意如图 2-5-7 所示。

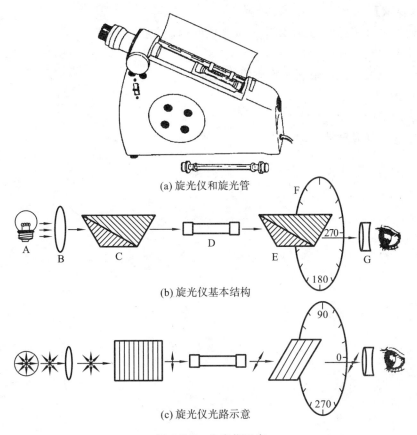

(a) 旋光仪和旋光管

(b) 旋光仪基本结构

(c) 旋光仪光路示意

图 2-5-7 旋光仪示意

旋光仪的操作步骤如下。

1. 旋光仪零点的校正

在测定样品前,先校正旋光仪的零点。将放样品用的管子洗净,装上蒸馏水,使液面凸出管口,将玻璃盖沿管口边缘轻轻平推盖好(不能带入气泡),然后旋上螺丝帽盖,使之漏水,但不可过紧,以免玻璃管产生扭力,使管内有空隙,影响旋光。将已装好蒸馏水的样品管擦干,放入旋光仪内,罩上盖子,开启钠光灯,将标尺盘调在零点左右,旋转粗动、微动手轮,使视场内三部分明暗相间,界限分明,记下读数,重复操作至少五次,取其平均值。若零点相差太大,则应重新校正。

2. 溶液样品的配制

准备称取待测样品(如糖)10 g,放入烧杯中用少量溶剂溶解,然后倒入 100 mL 的容量瓶中,并用少量溶剂洗涤烧杯,洗液并入容量瓶中,重复三次,加入溶剂至刻度。一般选择水、乙醇、氯仿等为溶剂。配制的溶液应是透明无杂质的,否则应过滤。

3. 旋光度的测定

测定之前必须用已配制的溶液洗旋光管两次,以免有其他物质影响。依上法将样品装入旋光管。这时所得的读数与零点之间的差值即为该物质的旋光度。记下样品管的长度及溶液的温度。然后按公式计算其比旋光度。

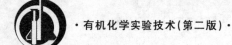
【训练要求】

(1) 通过本训练的练习,熟练掌握旋光仪的构造和操作规范。

(2) 掌握比旋光度的计算。

(3) 学会使用旋光仪来测定物质的旋光度。

【训练标准】

(1) 正确地操作旋光仪。

(2) 掌握比旋光度计算的方法。

模块三

有机化合物制备及合成实验

项目一 环己烯的制备

【实验目的】

(1) 了解以浓磷酸催化环己醇脱水制环己烯的原理,掌握环己烯的制备方法。

(2) 学会分液漏斗的使用及水浴蒸馏的基本操作,巩固分馏的基本操作技能。

【实验原理】

实验室常用醇经酸催化脱水的方法制备烯烃。常用的脱水剂有浓硫酸、浓磷酸等,可根据醇的结构不同选用。醇分子内脱水是可逆反应,为了提高转化率,常常将生成的低沸点烯烃蒸馏出来。

高浓度的酸会导致烯烃的聚合、分子间的失水及炭化等,故常伴有副产物的生成。

主反应:

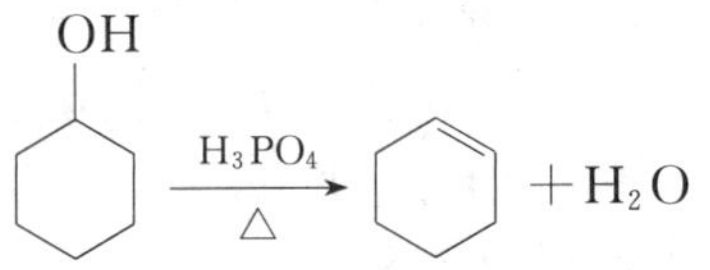

$$\text{环己醇} \xrightarrow[\triangle]{H_3PO_4} \text{环己烯} + H_2O$$

副反应:

$$2 \text{ 环己醇} \xrightarrow[\triangle]{H_3PO_4} \text{二环己醚} + H_2O$$

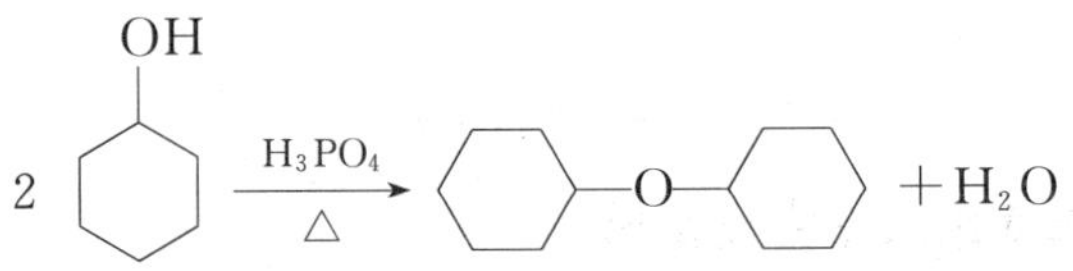

【仪器及药品】

1. 仪器

分馏装置、蒸馏装置等。

2. 药品

环己醇、85%浓磷酸溶液、食盐、5%碳酸钠溶液、无水氯化钙等。

【实验内容】

在 50 mL 干燥的圆底烧瓶中,放入 15 g 环己醇、10 mL 浓磷酸[1]和几粒沸石,充分振摇使其混合均匀[2]。烧瓶上装一短的分馏柱作分馏装置,接上冷凝管,用锥形瓶作接收器,外用冰水冷却。

将烧瓶在石棉网上用小火慢慢加热,控制加热速度使分馏柱上端的温度不要超过90 ℃,馏出液为带水的混合物[3]。当烧瓶中只剩下很少量的残渣并出现阵阵白雾时,即可停止蒸馏。全部蒸馏时间约需 1 h。

将馏出液用精盐饱和,然后加入 3~4 mL 5%碳酸钠溶液中和微量的酸。将此液体倒入小分液漏斗中,振摇后静置分层。将下层水溶液自漏斗下端活塞放出,上层的粗产物自漏斗的上口倒入干燥的小锥形瓶中,加入 1~2 g 无水氯化钙干燥[4]。

将干燥后的产物滤入干燥的蒸馏瓶中[5],加入沸石后用水浴加热蒸馏[6](图 2-2-6)。加入几粒沸石后用水浴蒸馏,收集 80~85 ℃的馏分于一已称重的干燥小锥形瓶中[7]。产量为 7~8 g。

【主要技术与注意事项】

[1] 本实验采用浓磷酸作脱水剂,虽然在用量上比用浓硫酸多,但用浓磷酸可避免反应中产生 SO_2 及因局部炭化影响产率和生成炭渣等弊病。

[2] 环己醇在常温下是黏稠液体,因而用量筒量取时应注意转移中的损失,环己烯与磷酸应充分混合,否则在加热过程中可能局部炭化。

[3] 最好用简易空气浴,使蒸馏时受热均匀。由于反应中环己烯与水形成共沸物(沸点 70.8 ℃,含水 10%),环己醇与环己烯形成共沸物(沸点 64.9 ℃,含环己醇 30.5%),环己醇与水形成共沸物(沸点 97.8 ℃,含水 80%),因此在加热时温度不可过高,温度不得超过 90 ℃,蒸馏速度不宜太快,以每 2~3 s 1 滴为宜,以减少未作用的环己醇蒸出量。

[4] 水层应尽可能分离完全,否则将增加无水氯化钙的用量,使产物更多地被干燥剂吸附而招致损失。这里用无水氯化钙干燥较适合,因为它还可除去少量环己醇。

[5] 在蒸馏已干燥的产物时,蒸馏所用仪器应充分干燥。

[6] 反应终点的判断可参考下面几个参数:①反应进行 40 min 左右;②分馏出的环己烯-水共沸物达到理论值;③反应瓶中出现白雾;④柱顶温度下降后又升到 85 ℃以上。

[7] 本反应是可逆的,故采用了在反应过程中将产物从反应体系分离出来的办法,推动反应向正反应方向移动,提高产物的产率。

【参考学时】

4 学时。

【预习要求】

(1)复习烯烃制备常用的方法及原理。

(2)预习分液漏斗的使用及水浴蒸馏的基本操作,学习分馏的基本操作技能。

【实验思考题】

(1)在粗制的环己烯中,加入精盐使水层饱和的目的何在?

(2)在蒸馏终止前,出现的阵阵白雾是什么?

(3)在粗制的环己醇中加入精盐,使水层饱和的目的是什么?

(4)下列醇用浓硫酸进行脱水反应的主要产物是什么?

① 3-甲基-1-丁醇;

② 3-甲基-2-丁醇；

③ 3,3-二甲基-2-丁醇。

【附注】

主要试剂及产物的物理常数见表 3-1-1。

表 3-1-1　主要试剂及产物的物理常数

名　　称	相对分子质量	熔点或沸点/℃	n_D^{20}	d_4^{20}	溶　解　性		
					水	醇	醚
环己烯	82.14	82.89（沸点）	1.4465	0.8098	不溶	溶	溶
环己醇	100.16	25.5（熔点）、161.1（沸点）	1.465	0.9624	稍溶	溶	溶
磷酸	98.00	42.35（熔点）	—	1.834	易溶	溶	不溶
氯化钠	58.44	801（熔点）、1413（沸点）	—	2.165	溶	难溶	不溶

项目二　正溴丁烷的制备

【实验目的】

（1）掌握以溴化钠、浓硫酸和正丁醇制备正溴丁烷的原理与方法。

（2）掌握带有有害气体吸收装置的回流加热操作、蒸馏及分液漏斗的使用方法。

【实验原理】

卤代烷是一类重要的有机合成中间体和重要的有机溶剂。实验室制备卤代烷最常用的方法是将结构对应的醇通过亲核取代反应转变为卤代烃,常用的试剂有氢卤酸、三卤化磷和氯化亚砜。本实验是由正丁醇和溴化氢的亲核取代反应制备正溴丁烷,反应中的溴化氢由溴化钠和浓硫酸反应生成。

主要反应如下：

$$NaBr + H_2SO_4 \longrightarrow HBr + NaHSO_4$$

$$n\text{-}C_4H_9OH + HBr \longrightarrow n\text{-}C_4H_9Br + H_2O$$

上述反应是一个可逆反应,本实验采用增加 HBr 的量来增大正丁醇的转化率。若反应体系温度过高,可能发生下列一系列副反应：

$$CH_3CH_2CH_2CH_2OH \xrightarrow[\text{加热}]{HBr+H_2SO_4} CH_3CH_2CH = CH_2 + H_2O$$

$$2n\text{-}C_4H_9OH \xrightarrow[\text{加热}]{H_2SO_4} (n\text{-}C_4H_9)_2O + H_2O$$

因此,反应体系温度的控制是本实验的关键。

【仪器与药品】

1. 仪器

带有有害气体吸收装置的回流装置、蒸馏装置等。

2. 药品

正丁醇、溴化钠（无水）、浓硫酸、饱和碳酸氢钠溶液、无水氯化钙等。

【实验内容】

在 150 mL 圆底烧瓶中加入 12.3 mL 正丁醇、16.5 g 研细的溴化钠[1]和 2～3 粒沸石,瓶口上装一个回流冷凝管,在一个小锥形瓶内放入 15 mL 水,同时用冷水浴冷却此锥形瓶,一边振动,一边慢慢加入 20 mL 浓硫酸,使其混合均匀并冷至室温后,分 4 次从冷凝管上端加入烧瓶中[2],每加一次都要充分摇动烧瓶使反应物混合均匀。加完硫酸后在冷凝管上口接一气体吸收装置(图 2-2-2)。气体吸收装置的小漏斗倒置在盛水的烧杯中,其边缘应接近水面但不能全部浸入水面以下。将烧瓶放在石棉网上,小火加热至沸,调整加热速度,以保持沸腾而又平稳回流,并不时摇动[3]烧瓶促使反应完全。反应约 30 min[4]。

反应结束,待液体冷却 5 min 后,卸下回流冷凝管,再加入 2～3 粒沸石,用 75°弯管连接冷凝管,改为蒸馏装置(图 2-2-6)进行蒸馏[5],直到无油滴蒸出为止[6]。

将馏出液移至分液漏斗中,加入等体积的水洗涤[7](产物在下层),分去水层。将产物转入另一干燥的分液漏斗中,用等体积的浓硫酸分多次慢慢加入并洗涤[8],尽量分去硫酸层(下层)。有机相依次用等体积的水、饱和碳酸氢钠溶液和水洗涤后[9],转入干燥的锥形瓶中,加入 0.5 g 无水氯化钙干燥,间歇摇动锥形瓶,直到液体清亮为止。

将干燥好的产物移至小蒸馏瓶中(注意勿使氯化钙掉入蒸馏烧瓶中),投入 1～2 粒沸石,安装好蒸馏装置,在石棉网上加热蒸馏,收集 99～103 ℃的馏分。产量约为 12 g,产率约为 65%。

【主要技术与注意事项】

[1] 如果用含结晶水的溴化钠($NaBr \cdot H_2O$),可按物质的量换算,并相应地减少加入的水量。

[2] 如果不待稀释后的硫酸冷却就加入烧瓶中,就会使生成的溴化氢马上被氧化成溴而使溶液变为红色,导致产率降低。

$$2HBr + H_2SO_4 \longrightarrow Br_2 + SO_2 + 2H_2O$$

[3] 反应过程中不时摇动烧瓶,或用磁力搅拌器搅拌,促使反应完全。

[4] 反应周期延长 1 h 仅提高 1%～2% 的产率。

[5] 制备反应结束后的馏出液分为两层,通常下层为正溴丁烷粗产物(油层),上层为水层。若未反应的丁醇较多或蒸馏过久,可能蒸出部分氢溴酸恒沸液,这是由于密度的变化,油层可能悬浮或变化为上层。如遇这种现象,可加清水稀释,使油层下沉。

[6] 正溴丁烷是否蒸完,可以从下列几方面判断:①蒸出液是否由混浊变为澄清;②蒸馏瓶中的上层油状物是否消失;③取一试管收集几滴馏出液,加水摇动观察有无油珠出现,如无,表示馏出液中已无有机物,蒸馏完成。

[7] 洗后产物呈红色,可用少量的饱和亚硫酸氢钠水溶液洗涤以除去由于浓硫酸的氧化作用生成的游离溴。

$$Br_2 + 3NaHSO_3 \longrightarrow 2NaBr + NaHSO_4 + 2SO_2 + H_2O$$

[8] 用浓硫酸洗去粗产品中少量的正丁醇、副产物丁烯和丁醚等,如果不分多次慢慢加入,也会把馏出液中的溴离子氧化成溴而使馏出液变红。

[9] 饱和碳酸氢钠溶液可洗去馏出液中残余的酸,水可洗去馏出液中残留的碱,碱洗

和水洗都要尽量把水层分干净,否则加无水氯化钙时会使液层混浊。

【参考学时】

4～6学时。

【预习要求】

(1)复习制备卤代烷的原理及方法。

(2)预习回流装置的基本操作以及气体吸收装置的使用。

【实验思考题】

(1)反应后的粗产物中含有哪些杂质?各步洗涤的目的何在?

(2)用分液漏斗时,正溴丁烷时而在上层,时而在下层,当不知道产物的密度时,可用什么简便的方法加以判别?

(3)为什么用饱和碳酸氢钠溶液洗涤前先要用水洗一次?

(4)反应时硫酸的浓度太高或太低会有什么影响?

【附注】

正溴丁烷的物理常数见表3-2-1。

表 3-2-1　正溴丁烷的物理常数

名称	相对分子质量	性状	n_D^{20}	d_4^{20}	熔点/℃	沸点/℃	溶解度/(g/100 mL)		
							水	醇	醚
正溴丁烷	137.0	无色透明液体	1.4398	1.276	−112.4	101.6	不溶	∞	∞

项目三　正丁醚的制备

【实验目的】

(1)掌握醇分子间脱水制备醚的反应原理和实验方法。

(2)进一步熟悉分液漏斗的使用方法。

(3)学会使用分水器(基本操作)。

【实验原理】

醇分子间脱水是制备单纯醚常用的方法。醇和硫酸作用随温度的不同而生成不同的产物,主要有硫酸酯、醚和烯,因此由硫酸脱水制醚时,反应温度必须严格控制。同时不断蒸出产物(水和醚),使可逆反应朝有利于生成醚的方向进行。

主反应:

$$2C_4H_9OH \xrightleftharpoons{H_2SO_4} C_4H_9-O-C_4H_9 + H_2O$$

副反应:

$$CH_3CH_2CH_2CH_2OH \xrightarrow{H_2SO_4} CH_3CH_2CH=CH_2 + H_2O$$

【仪器与药品】

1. 仪器

蒸馏装置、分水装置等。

2. 药品

正丁醇、浓硫酸、无水氯化钙、5％氢氧化钠溶液、饱和氯化钙溶液等。

【实验内容】

在盛有 31 mL 正丁醇的三口烧瓶中,边摇边加入 4.5 mL 浓硫酸,使两种液体混合均匀,加入 2～3 粒沸石。在三口烧瓶一侧口装上温度计,温度计插入液面以下,另一口装上分水器,分水器的上端接一回流冷凝管(图 2-2-4),先在分水器内放置 $(V-3.5)$ mL 水[1],另一口用塞子塞紧。然后将三口烧瓶放在石棉网上用小火加热至微沸,回流分水。反应中产生的水经冷凝后收集在分水器的下层,上层有机相至分水器支管时,即可返回烧瓶。大约经 1.5 h 后,随着反应的进行,分水器中的水量不断增加,反应体系的温度也逐渐上升。如果分水器中的水超过支管而流回烧瓶,可打开螺旋塞放掉一部分水(用量筒盛水)。三口烧瓶中反应液温度可达 134～136 ℃[2],水量达到或超过 3.5 mL 时停止反应。若继续加热,则反应液变黑并有较多副产物烯生成。

将反应液冷却到室温后倒入盛有 50 mL 水的分液漏斗中,振摇静置后弃去下层液体。上层粗产物依次用 25 mL 水、15 mL 5％ 氢氧化钠溶液[3]、15 mL 水和 15 mL 饱和氯化钙溶液洗涤[4],然后用 1 g 无水氯化钙干燥。干燥后的产物滤入 25 mL 蒸馏瓶中,加入沸石[5],在石棉网上加热蒸馏(图 2-2-6),收集 140～144 ℃的馏分,产量为 7～8 g[6]。

【主要技术与注意事项】

[1] V 为分水器的体积(mL),本实验根据理论计算失水体积约为 3 mL,故分水器放满水后先放掉约 3.5 mL 水。

[2] 制备正丁醚的较适宜温度是 130～140 ℃,为缩短反应时间,必要时可将反应温度提高到 145 ℃左右。但开始回流时,这个温度很难达到,因为正丁醚可与水形成共沸物(沸点 94.1 ℃,含水 33.4％);此外,正丁醚与水及正丁醇形成三元共沸物(沸点 90.6 ℃,含水 29.9％,含正丁醇 34.6％),正丁醇也可与水形成共沸物(沸点 93 ℃,含水 44.5％),但随着水的蒸出,并被分离开来,温度将逐渐升高,故在 100～115 ℃反应半小时之后可达到 130 ℃以上。

[3] 在碱洗过程中,不要太剧烈地摇动分液漏斗,否则会生成乳浊液,分离困难。

[4] 正丁醇溶在饱和氯化钙溶液中,而正丁醚微溶。另外,上层粗产物也可以用下面的方法来洗涤:先用冷硫酸洗两次,每次用 50％硫酸 25 mL,再用 25 mL 水洗涤两次。硫酸可洗去粗产物中的正丁醇。因为正丁醚也能微溶于硫酸,所以产率略有降低。

[5] 注意分水器的正确安装及使用。

[6] 制备正丁醚的温度要严格控制在 135 ℃以下,否则易产生大量的副产物正丁烯。

【参考学时】

4～6 学时。

【预习要求】

(1) 复习由醇制备醚的原理及方法。

(2) 预习分水器的正确安装及使用,进一步巩固分馏的基本操作。

【实验思考题】

(1) 反应物冷却后为什么要倒入水中? 各步的洗涤目的何在?

（2）能否用本实验方法由乙醇和 2-丁醇制备乙基仲丁基醚？你认为用什么方法比较好？

（3）如何得知反应已经比较完全？

【附注】

主要试剂及产物的物理常数见表 3-3-1。

表 3-3-1　主要试剂及产物的物理常数

名称	相对分子质量	性状	n_D^{20}	d_4^{20}	熔点/℃	沸点/℃	溶解度/(g/100 mL)		
							水	醇	醚
正丁醚	130.23	无色液体	1.3992	0.7694	−98	142.4	<0.05	易溶	易溶
浓 H_2SO_4	98.08	无色液体	—	1.84	10.35	340	易溶	不宜混合	不宜混合

项目四　环己酮的制备

【实验目的】

（1）学习铬酸氧化法制备环己酮的原理和方法。

（2）通过叔醇转变为酮的实验，进一步了解醇和酮之间的联系和区别。

（3）掌握萃取、分离、干燥和水蒸气蒸馏等实验操作及空气冷凝管的应用。

【实验原理】

实验室制备脂肪或脂环醛酮,最常用的方法是将伯醇和仲醇用铬酸氧化。铬酸是重铬酸盐和 $40\% \sim 50\%$ 硫酸的混合物。

仲醇用铬酸氧化是制备酮的最常用的方法。酮对氧化剂比较稳定,不易进一步氧化。铬酸氧化醇是一个放热反应,必须严格控制反应的温度,以免反应过于激烈。

【仪器及药品】

1. 仪器

蒸馏装置等。

2. 药品

$Na_2Cr_2O_7$、环己醇、浓硫酸、食盐、乙醚、无水硫酸镁等。

【实验内容】

在烧杯中将 10.5 g 重铬酸钠溶于 60 mL 冰水中,在搅拌下慢慢加入 10 mL 浓硫酸,得橙红色铬酸溶液,将溶液冷却至 30 ℃以下备用。

在 250 mL 三口烧瓶内,加入 10.5 mL 环己醇,然后一次性加入上述备用的铬酸溶液,振摇使其充分混匀。放入一支温度计,测量初始反应温度,并观察温度变化情况。反应开始后,混合物迅速变热,并且橙红色的铬酸溶液变成墨绿色的低价铬盐,当瓶内温度达到 55 ℃时,立即用水浴冷却,控制反应温度在 55~60 ℃。约 30 min 后温度开始下降,再放置 30 min,其间不断振摇,使反应完全,此时反应液呈墨绿色。

在反应瓶内加 60 mL 水和几粒沸石,改成蒸馏装置(图 2-2-6)。将环己酮和水一起蒸出[1],直至馏出液不再混浊后再多蒸 15~20 min(约收集馏出液 50 mL),馏出液用食盐饱和[2](约需食盐 12 g),转入分液漏斗,静置后分出有机层,水层用 15 mL 乙醚萃取一次,合并有机层和萃取液,用无水硫酸镁干燥,将干燥后的液体转入干燥的 100 mL 圆底烧瓶中,在水浴上蒸去乙醚后,改用空气冷凝管继续蒸馏,收集 151~155 ℃的馏分。产量为 6~7 g。

【主要技术与注意事项】

[1] 环己酮与水形成共沸混合物,沸点 95 ℃,含环己酮 38.4%。

[2] 环己酮 31 ℃时在水中溶解度为 2.4 g/100 mL。加入食盐的目的是降低环己酮的溶解度并有利于环己酮的分层。水的馏出量不宜过多,否则环己酮溶解于水中而损失掉。

【参考学时】

4~6 学时。

【预习要求】

(1) 复习由醇制备酮(醛)的原理及方法。

(2) 预习水蒸气蒸馏操作方法及空气冷凝管的应用,巩固萃取、分离和干燥等基本实验操作。

【实验思考题】

(1) 本实验的氧化剂能否改用硝酸或高锰酸钾?为什么?

(2) 蒸馏产物时为何使用空气冷凝管?

【附注】

主要试剂及产物的物理常数见表 3-4-1。

表 3-4-1　主要试剂及产物的物理常数

名称	相对分子质量	性状	n_D^{20}	d_4^{20}	熔点/℃	沸点/℃	溶解度/(g/100 mL)		
							水	醇	醚
环己醇	100.16	无色液体	1.465	0.9624	25.5	161.1	3.621	溶	溶
环己酮	98.14	无色液体	1.4507	0.947	−31.2	155.7	微溶	溶	溶

项目五　苯甲醇的制备

【实验目的】

(1) 了解苯甲醇的制备方法及相转移催化剂的作用。

(2) 熟练掌握萃取、回馏和蒸馏等基本操作。

【实验原理】

醇的制备方法有很多,简单和常用的醇在工业上利用水煤气合成、淀粉发酵、烯烃水合及卤代烃的水解等反应制备。实验室中醇的制备,可以由羰基化合物还原,也可以用格氏试剂来制备。一些结构比较复杂的醇由格氏试剂来制备更有其独到之处。

苯甲醇由苯氯甲烷在碱性水溶液中水解制备。由于卤代烃均不溶于水,反应进行得很慢,需要强烈搅拌,加入相转移催化剂(如四乙基溴化铵)可大大缩短反应时间。

反应方程式:

$$2C_6H_5CH_2Cl + K_2CO_3 + H_2O \longrightarrow 2C_6H_5CH_2OH + 2KCl + CO_2$$

【仪器及药品】

1. 仪器

电动搅拌回流装置等。

2. 药品

苯氯甲烷、碳酸钾、四乙基溴化铵、无水碳酸镁、乙醚等。

【实验内容】

在装有电动搅拌器的 250 mL 三口烧瓶里加入碳酸钾水溶液(8 g 碳酸钾溶于 80 mL 水中)及 2 mL 50％四乙基溴化铵水溶液[1],加入几粒沸石。装上回流冷凝管和滴液漏斗,在滴液漏斗中装 9.5 mL 苯氯甲烷,开动搅拌器。在石棉网上加热回流(图 2-2-10),将苯氯甲烷滴入三口烧瓶中。滴加完后,继续搅拌加热回流,反应时间共 2 h[2]。

停止加热,冷却到 30～40 ℃[3]。把反应液移入分液漏斗中,分出油层,上层为粗苯甲醇,下层为碱液。碱液用乙醚(或甲基叔丁基醚)萃取 4 次,每次用 6 mL 乙醚。合并萃取液和粗苯甲醇。用无水硫酸镁干燥。

将干燥透明的苯甲醇乙醚溶液倒入 50 mL 蒸馏烧瓶里,安装好蒸馏装置(图 2-2-6)。先在热水浴上蒸出乙醚,然后改用空气冷凝管,在石棉网上加热蒸馏。收集 200～208 ℃ 的馏分。产量约为 5.5 g。

【主要技术与注意事项】

[1] 也可以用其他相转移催化剂,如氯化三甲基苄基铵。

[2] 如不用相转移催化剂,反应需要 6～8 h 才能完成。

[3] 温度过低时,碱会析出,给分离带来困难。

【参考学时】

6 学时。

【预习要求】

(1) 预习苯甲醇的制备方法及相转移催化剂的作用。

(2) 复习萃取、回馏和蒸馏基本操作。

【实验思考题】

(1) 在实验室中,还有哪些合适的方法可以用来制备苯甲醇?

(2) 本实验采用碳酸钾作为苯氯甲烷的碱性水解试剂,有何优点?

【附注】

苯甲醇的物理常数见表 3-5-1。

表 3-5-1　苯甲醇的物理常数

名称	相对分子质量	n_D^{20}	d_4^{20}	沸点/℃	溶 解 性		
					水	醇	醚
苯甲醇	108.14	1.5396	1.0419	205.3	微溶	易溶	易溶

项目六　苯乙酮的制备

【实验目的】

(1) 学会傅-克(Friedel-Crafts)酰基化反应制备芳香酮的原理。

(2) 掌握有毒气体的处理方法,学会正确使用电动搅拌器等。

(3) 熟练掌握萃取、洗涤等基本操作。

【实验原理】

Friedel-Crafts 酰基化反应是制备芳香酮的主要方法。在无水三氯化铝或三氯化铁作催化剂的情况下,Friedel-Crafts 酰基化反应的试剂是酰氯或酸酐,常用的是酸酐,这是因为酰氯副反应多,而酸酐原料易得,纯度高,操作方便,反应平稳,产率高。

反应方程式:

$$\text{⬡} + (CH_3CO)_2O \xrightarrow{AlCl_3} \text{⬡}-COCH_3 + CH_3COOH$$

Friedel-Crafts 酰基化反应是一个放热反应,通常是先将酰基化试剂配成溶液后慢慢滴加到盛有芳香化合物的反应瓶中,并需密切注意反应温度的变化。

【仪器及药品】

1. 仪器

电动搅拌回流装置和蒸馏装置等。

2. 药品

无水三氯化铝、无水纯苯、乙酸酐、氯化钙、浓盐酸、5%氢氧化钠溶液、无水硫酸镁等。

【实验内容】

在干燥的 200 mL 三口烧瓶的三个口中,分别装上 50 mL 滴液漏斗、电动搅拌装置和回流冷凝管[1],冷凝管上口连一氯化钙干燥管,氯化钙干燥管的另一端连接 HCl 气体吸收装置。检查整个装置不漏气后,取下滴液漏斗,迅速将 23 g 研细的无水三氯化铝[2]和 31 mL 无水纯苯[3]加入三口烧瓶内,立即安上滴液漏斗。将 6 mL 乙酸酐[4]和 10 mL 无水纯苯加入滴液漏斗中,开动电动搅拌器(图 2-2-10),逐滴加入乙酸酐和无水纯苯的混合溶液于三口烧瓶内,约 20 min 滴完。电热套加热微沸 30 min,注意控制滴入速度,切勿使瓶内反应物剧烈沸腾[5]。

将三口烧瓶冷却,在不断搅拌下,将反应产物滴加到装有 45 mL 浓盐酸和 60 g 碎冰的 200 mL 烧杯中,充分搅拌,若仍有沉淀,可加入适量的浓盐酸使之溶解,然后用分液漏斗分出上层(有机层),用苯萃取下层(水层)两次,每次用苯 15 mL。萃取液和上层液合并,依次用 5% 氢氧化钠溶液和水各 20 mL 洗涤,再用 4～5 g 无水硫酸镁干燥。

粗产物干燥后,倾入 100 mL 蒸馏烧瓶中,先蒸出苯(图 2-2-6),当温度升到 140 ℃ 左右时,停止加热,稍冷,换用空气冷凝管继续蒸出残留的苯。最后收集 198～202 ℃ 的馏分,产量为 5～6 g,产率为 65％～79％。

【主要技术与注意事项】

［1］本实验使用的仪器、药品必须是干燥的。

［2］无水三氯化铝的质量好坏是本实验成败的关键,它应该是小颗粒状或粗粉末状,以打开瓶盖立即冒烟、无结块现象为好,如已变成黄色,表示已经吸潮,不能取用。在研细、称量和投料过程中都应迅速,避免吸收空气中的水分。

［3］苯以分析纯为佳,苯经过无水氯化钙干燥 12 h 后,效果较好。

［4］乙酸酐使用新蒸的为好。

［5］温度过高对反应不利,一般控制在使苯缓缓回流为宜。

【参考学时】

6～8 学时。

【预习要求】

(1) 进一步巩固 Friedel-Crafts 酰基化反应的知识。

(2) 预习有毒气体的处理方法,学习正确使用电动搅拌器等。

【实验思考题】

(1) 在苯乙酮的制备中,水和潮气对本实验有何影响? 在仪器装置和操作中应注意哪些事项?

(2) 反应完成后,为什么要加入浓盐酸和碎冰的混合溶液?

(3) 滴加乙酸酐时,应注意什么问题? 为什么?

(4) 搅拌器与反应瓶塞连接处是否应该密封? 密封的方法有哪些?

【附注】

主要试剂及产物的物理常数见表 3-6-1。

表 3-6-1 主要试剂及产物的物理常数

名称	相对分子质量	性状	n_D^{20}	d_4^{20}	熔点/℃	沸点/℃	溶解性		
							水	醇	醚
苯乙酮	120.15	油状或无色晶体	—	1.0281	19.7	202.3	微溶	溶	溶
苯	78.11	液体	1.5018	0.879	5.5	80.1	不溶	溶	溶
乙酸酐	102.09	液体	1.3904	1.0820	−73.1	139.55	微溶	溶	溶

项目七 己二酸的制备

【实验目的】

(1) 了解和掌握以环己醇为原料,通过氧化反应制备己二酸的原理和方法。

(2) 掌握固体有机物的精制方法。

【实验原理】

氧化反应是制备羧酸常用的方法。通过仲醇、酮或烯烃的强烈氧化,均能得到羧酸。例如,工业上用硝酸氧化环己醇或环己酮制备己二酸,同时还产生一些碳数较少的二元羧酸。

反应方程式:

$$\text{环己醇 OH} + 8HNO_3 \longrightarrow HOOC(CH_2)_4COOH + 8NO_2 + 5H_2O$$

氧化反应一般都是放热反应,所以控制反应温度是非常重要的。己二酸是合成尼龙-6的重要原料之一。

【仪器及药品】

1. 仪器

带有有害气体吸收装置的回流装置、抽滤装置等。

2. 药品

环己醇、硝酸、钒酸铵、碳酸钠、无水氯化钙等。

【实验内容】

本实验必须在通风橱内进行。做实验时必须严格遵照规定的反应条件。

在装有回流冷凝管、温度计和滴液漏斗的 250 mL 三口烧瓶中(图 2-2-8),其温度计的水银球要尽量接近瓶底,用有直沟的单孔软木塞将温度计夹在铁架台上。

在烧瓶中加 32 mL 50%硝酸[1]及少许钒酸铵(约 0.02 g),并在冷凝管上接一气体吸收装置(图 2-2-2),用碱液吸收反应过程中产生的氧化氮气体[2],三口烧瓶用水浴加热到 50 ℃左右,移去水浴,用滴液漏斗滴加 12~16 滴环己醇[3],同时加以摇动,当瓶内反应物温度升高并有红棕色气体放出时,表示反应已经开始,然后慢慢加入其余的环己醇,总量为 10.6 mL[4],控制滴加速度并加以摇动,使瓶内温度保持在 50~60 ℃,温度过高时,可用冷水浴冷却,温度过低时,可用热水浴加热。整个滴加过程约需 40 min,加完后继续振摇,并用 80~90 ℃热水浴加热 20 min,至几乎无红棕色气体放出为止。然后将此热溶液倒入烧杯中,冷却后,析出己二酸。析出的晶体在布氏漏斗上进行抽滤。用 40 mL 冰水洗涤己二酸晶体,抽滤,干燥。粗产物约 12 g,熔点 149~155 ℃。称重,计算产率。

粗制的己二酸可以用水重结晶。纯己二酸为白色棱状结晶。

【主要技术与注意事项】

[1] 环己醇与浓硝酸切不可用同一量筒量取,两者相遇会发生剧烈反应,甚至发生事故。

[2] 本实验最好在通风橱内进行,因为产生的氧化氮有毒。仪器要求严密不漏,如果出现漏气现象,应立即暂停实验,改正后再继续进行。

[3] 此反应为强烈的放热反应,滴加速度不宜过快,以避免反应太剧烈,引起爆炸。

[4] 环己醇熔融时为黏稠液体,为减少转移时的损失,可用少量水冲洗量筒,并入滴液漏斗。在室温较低时,这样做还可以避免堵住漏斗。

【参考学时】

4 学时。

【预习要求】

(1) 复习制备羧酸常用的方法及原理。

(2) 预习固体有机物精制的浓缩、过滤和重结晶等基本操作。

【实验思考题】

(1) 在本实验中是如何控制反应温度和环己醇滴加速度的？为什么？

(2) 可否用同一量筒量取环己醇和浓硝酸？为什么？

(3) 本实验为什么必须在通风橱内进行？

【附注】

主要试剂及产物的物理常数见表 3-7-1。

表 3-7-1 主要试剂及产物的物理常数

名称	相对分子质量	熔点或沸点/℃	溶 解 性		
			水	醇	醚
己二酸	146.14	152(熔点)	微溶	溶	溶
环己醇	100.16	25.5(熔点)、161.1(沸点)	稍溶	溶	溶

项目八 苯甲酸的制备

【实验目的】

(1) 学习甲苯氧化制备苯甲酸的原理和方法。

(2) 进一步掌握回流加热操作和粗产品纯化过程。

【实验原理】

芳香族羧酸常用芳香烃的氧化制备。苯环对氧化剂稳定，但苯环上的侧链可被氧化，不管侧链多长，都被氧化为苯甲酸。

反应方程式：

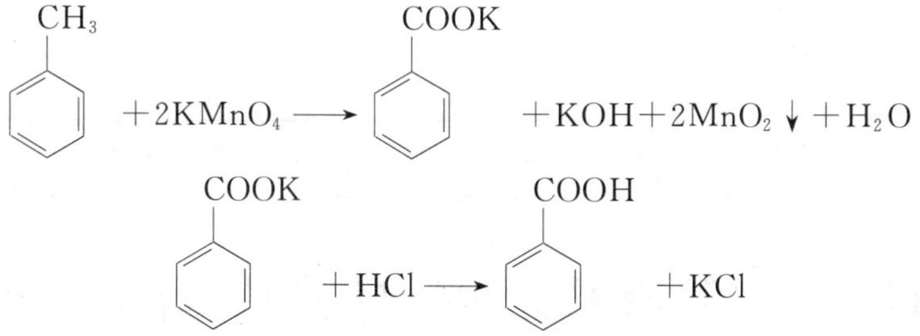

【仪器及药品】

1. 仪器

蒸馏装置、抽滤装置等。

2. 药品

甲苯、高锰酸钾、亚硫酸氢钠、浓盐酸等。

【实验内容】

在 500 mL 圆底烧瓶中,加入 5.4 mL 甲苯和 250 mL 水,瓶口装回流冷凝管,用电热套加热至沸,从冷凝管上口分数次加入 17 g(约 0.1 mol)高锰酸钾,并用少量水冲洗冷凝管内壁,继续加热并间歇振摇烧瓶,直到甲苯层几乎近于消失,回流液不再出现油珠为止,需 4～5 h。

将反应混合物趁热抽滤[1],并用少量热水洗涤二氧化锰滤渣,合并滤液和洗液,放在冰水浴中冷却,然后用浓盐酸酸化,直到苯甲酸全部析出为止。将析出的苯甲酸抽滤、挤压去水分。把制得的苯甲酸放在沸水浴上干燥,若产品不够纯净,可用热水重结晶[2],产量约为 3 g,产率约为 50%。

【主要技术与注意事项】

[1] 滤液如果呈紫色,可以加少量的亚硫酸氢钠使紫色褪去,并重新抽滤。

[2] 如果苯甲酸颜色不纯,可在热水中重结晶,同时加入少量的活性炭脱色。苯甲酸在不同温度下在 100 mL 水中的溶解度:4 ℃时为 0.18 g;18 ℃时为 0.27 g;75 ℃时为2.2 g。

【参考学时】

7～8 学时。

【预习要求】

(1) 复习制备脂肪酸常用的方法及原理。

(2) 预习浓缩、过滤和重结晶及水浴干燥等的基本操作。

【实验思考题】

(1) 还可用什么方法制备苯甲酸?

(2) 反应完成后,滤液尚呈紫色,为什么要加亚硫酸氢钠?

(3) 精制苯甲酸还有什么方法?

【附注】

苯甲酸的物理常数见表 3-8-1。

表 3-8-1　苯甲酸的物理常数

名称	相对分子质量	熔点/℃	沸点/℃	溶解性		
				水	醇	醚
苯甲酸	122.13	122.4	249	微溶	溶	溶

项目九　邻硝基苯酚、对硝基苯酚的制备

【实验目的】

(1) 学会邻硝基苯酚、对硝基苯酚制备的实验原理和方法。

(2) 掌握邻硝基苯酚、对硝基苯酚的分离、纯化的原理和方法。

(3) 掌握电动搅拌器及水蒸气蒸馏等基本操作。

【实验原理】

本实验利用苯酚硝化而得到邻硝基苯酚和对硝基苯酚的混合物,具体反应如下:

$$2\;\text{(OH)} + 2HNO_3 \longrightarrow \text{(OH, NO}_2\text{)} + \text{(OH, NO}_2\text{)} + 2H_2O$$

实验室多用硝酸钠或硝酸钾和稀硫酸的混合物代替稀硝酸以降低苯酚被硝酸氧化的可能性,并有利于增加对硝基苯酚的产量。

由于邻硝基苯酚通过分子内氢键能形成六元螯合环,而对硝基苯酚只能通过分子间氢键形成缔合体,因此,邻硝基苯酚沸点较对硝基苯酚低,并且在水中的溶解度较对硝基苯酚低得多,从而能够采用水蒸气蒸馏将其分离。

【仪器及药品】

1. 仪器

水蒸气蒸馏装置、抽滤装置等。

2. 药品

苯酚、硝酸钠、浓硫酸、浓盐酸、乙醇、活性炭等。

【实验内容】

在 250 mL 三口烧瓶中,加入 30 mL 的水,慢慢加入 10.5 mL 浓硫酸及 11.5 g 硝酸钠,待硝酸钠全溶后,装上温度计和滴液漏斗(图 2-2-8),将三口烧瓶置于冰浴中冷却。在小烧杯中称取 7 g 的苯酚,并加入 2 mL 水,温热搅拌至熔[1],冷却后转至滴液漏斗中。在振荡下自滴液漏斗向三口烧瓶中逐滴加入苯酚水溶液,用冰水浴控制反应温度在 10~15 ℃[2]。滴加完成后,保持温度放置半小时,并不断地振摇,使反应完全。此时得黑色焦油状物质,用冰水浴冷却,使焦油状物质固化。小心倾去酸液,油层再用水(每次用 20 mL)洗涤数次(约 3 次)[3],尽量洗去剩余的酸液。然后将油层进行水蒸气蒸馏,直至冷凝管内无黄色油滴馏出为止[4]。馏出液冷却后粗邻硝基苯酚迅速凝结成黄色固体,抽滤收集,干燥称量并测其熔点。粗产物约为 3 g,用乙醇-水混合溶剂重结晶[5],可得亮黄色针状晶体(约为 2 g)。

水蒸气蒸馏(图 2-3-5)后的残液中,加水至总体积约为 80 mL,再加入 5 mL 浓盐酸和 0.5 g 活性炭,加热煮沸 10 min,趁热过滤。滤液再用活性炭脱色一次。脱色后的溶液转入烧杯中,以冰水浴冷却,粗对硝基苯酚立即析出。抽滤收集,干燥,粗产物为 2~2.5 g,用 2% 稀盐酸重结晶,可得无色针状晶体,约为 1.5 g。

【主要技术与注意事项】

[1] 苯酚室温时为固体,可用温水浴温热熔化,加水可以降低苯酚的熔点,使之呈液态,有利于反应。

[2] 由于酚和酸不互溶,故须不断振荡使其充分接触,达到反应完全,同时可防止局部过热现象,反应温度超过 20 ℃ 时,硝基苯酚可继续硝化或氧化,使产量降低。若温度较低,则对硝基苯酚所占比例有所增加。

[3] 最好将反应瓶放入冰水浴或冰柜中,使油状物固化,这样洗涤较为方便。如反应温度较高,黑色油状物难以固化,可先用滴管吸取少量酸液。残余的酸液必须洗掉,否则在水蒸气蒸馏过程中,由于温度升高,硝基苯酚会继续硝化或氧化。

[4] 水蒸气蒸馏时,往往由于晶体析出而堵塞冷凝管。此时必须调节冷凝水,让热的水蒸气通过使其熔化,然后慢慢开大水流,以免热的水蒸气使邻硝基苯酚伴随逸出。

[5] 先将粗邻硝基苯酚溶于热的(40~50 ℃)乙醇中,过滤,滴入温水至出现混浊。然后在温水浴(40~50 ℃)中温热或滴入少量的乙醇至清,冷却后即析出亮黄色针状邻硝基苯酚。

【参考学时】

8~10学时。

【预习要求】

(1) 复习邻硝基苯酚、对硝基苯酚制备的实验原理和方法。

(2) 预习水蒸气蒸馏、重结晶和抽滤等基本操作。

【实验思考题】

(1) 本实验有哪些可能的副反应?如何减少这些副反应的发生?

(2) 试比较苯、硝基苯、苯酚硝化的难易程度,并解释其原因。

(3) 为什么邻硝基苯酚和对硝基苯酚可采用水蒸气蒸馏来加以分离?

(4) 在重结晶邻硝基苯酚时,为什么在加入乙醇温热后常易出现油状物?如何使它消失?后来在滴加水时,也常会出现油状物,应该如何避免?

【附注】

主要试剂及产物的物理常数见表3-9-1。

表3-9-1 主要试剂及产物的物理常数

名称	相对分子质量	熔点/℃	沸点/℃	溶解性		
				水	醇	醚
苯酚	84	42	182	微溶	易溶	易溶
邻硝基苯酚	125	44	215	微溶	易溶	易溶
对硝基苯酚	125	113.4	279	微溶	易溶	易溶

项目十 乙酸乙酯的制备

【实验目的】

(1) 了解羧酸酯化的一般原理,掌握乙酸乙酯制备的方法。

(2) 进一步巩固蒸馏、回流、萃取、洗涤、干燥等基本操作。

【实验原理】

醇和有机酸在酸的催化下发生酯化反应可生成酯。

主要反应:

$$CH_3COOH + CH_3CH_2OH \longrightarrow CH_3COOCH_2CH_3 + H_2O$$

这一反应为可逆反应,为了提高酯的产量,实验中采取加入过量的乙醇及不断把反应中生成的酯和水蒸出的方法。在工业生产中加入过量的醋酸，以便使乙醇转化完全，避免乙醇和水及乙酸乙酯形成二元或三元共沸物，难以分离。

【仪器及药品】

1. 仪器

蒸馏装置、分液漏斗等。

2. 药品

乙醇、浓硫酸、冰醋酸、饱和碳酸钠溶液、饱和氯化钠溶液、饱和氯化钙溶液、无水硫酸镁等。

【实验内容】

在 250 mL 三口烧瓶中，加入 9 mL 乙醇，在振摇下慢慢加入 12 mL 浓硫酸使其混合均匀，并加入 2～3 粒沸石。在三口烧瓶右口插入滴液漏斗，将 14.3 mL 冰醋酸和 14 mL 95% 乙醇的混合液加入滴液漏斗内，漏斗末端应浸入液面以下，距瓶底 0.5～1 cm。左口插入温度计，中间口装配蒸馏装置(图 2-2-8)。

先向三口烧瓶中滴入乙醇和冰醋酸混合液 3～4 mL，然后开始用电热套加热，使瓶中温度升至 110～120 ℃，蒸馏管口开始有液滴馏出时，再将其余的混合液由滴液漏斗慢慢滴入，控制滴加速度和馏出速度大致相等，并保持反应液温度在 110～120 ℃[1]，待液体滴加完毕后，继续加热 15 min，直到温度升高到 130 ℃，并不再有液滴馏出时为止。

在第一步收集到的馏出液中加入饱和碳酸钠溶液[2]（约 10 mL），用 pH 试纸检验，先将 pH 试纸润湿，再在 pH 试纸上滴半滴酯，酯层应为中性。将混合液移入分液漏斗，充分振摇(注意及时放气!)后静置，弃去下层水相。酯层用 10 mL 饱和氯化钠溶液洗涤后[3]，再用 10 mL 饱和氯化钙溶液洗涤，弃去下层液，洗两次[4]。酯层自漏斗上口倒入干燥的锥形瓶中，用无水硫酸镁干燥。

将干燥好的粗乙酸乙酯滤入 50 mL 干燥的蒸馏瓶中，加入 2 粒沸石，在水浴上进行常压蒸馏，用干燥锥形瓶收集 73～78 ℃的馏分，称量(产量为 10～12 g)后计算产率。

【主要技术与注意事项】

[1] 加热温度不宜过高，否则会增加副产物乙醚的含量。滴加速度太快会使乙醇和醋酸来不及反应而被蒸出。

[2] 馏出液中除了酯和水外，还有少量未反应的乙醇和醋酸等杂质，故要用碱除去其中的酸，用饱和氯化钙溶液除去其中的醇，否则会影响产率。

[3] 用饱和氯化钙溶液洗涤前碳酸钠必须除去，否则用饱和氯化钙溶液洗涤时，会产生絮状碳酸钙沉淀，造成分离困难。为减少酯在水中的溶解度，这里用饱和氯化钠溶液洗涤。

[4] 洗涤时注意放气，有机层用饱和氯化钠溶液洗涤后，尽量将水相分干净。

【参考学时】

4 学时。

【预习要求】

(1) 复习羧酸酯化的原理，掌握乙酸乙酯制备的方法、条件。

(2) 复习蒸馏、回流、萃取、洗涤、干燥等基本操作。

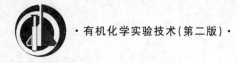

【实验思考题】

(1) 酯化反应有什么特点？在实验中如何创造条件促使酯化反应尽量向生成物方向进行？

(2) 本实验若采用醋酸过量的做法是否合适？为什么？

(3) 蒸出的粗乙酸乙酯中主要有哪些杂质？如何除去？

(4) 本实验有哪些副反应？

【附注】

主要试剂及产物的物理常数见表 3-10-1。

表 3-10-1 主要试剂及产物的物理常数

名称	相对分子质量	性状	n_D^{20}	d_4^{20}	熔点/℃	沸点/℃	溶解度/(g/100 mL)		
							水	醇	醚
冰醋酸	60.05	无色液体	—	1.049	16.6	118.1	∞	∞	∞
乙醇	46.07	无色液体	1.36	0.780	−114.5	78.4	∞	∞	∞
乙酸乙酯	88.10	无色液体	1.3727	0.905	−83.6	77.3	85	∞	∞

项目十一　肉桂酸的制备

【实验目的】

(1) 了解 Perkin 反应,掌握肉桂酸的制备原理和方法。

(2) 掌握回流、简易水蒸气蒸馏等操作。

(3) 掌握固体有机化合物的提纯方法——脱色、重结晶。

【实验原理】

芳香醛和酸酐在碱性催化剂存在下,可发生类似羟醛缩合的反应,生成 α,β-不饱和芳香酸,称为 Perkin 反应。催化剂通常是用酸酐相应的羧酸钾或羧酸钠,有时也可用 K_2CO_3 或叔胺代替,可以缩短反应时间。典型的例子是肉桂酸的制备。

$$\text{C}_6\text{H}_5\text{—CHO} + (\text{CH}_3\text{CO})_2\text{O} \xrightarrow[170\sim180\ ℃]{\text{CH}_3\text{COOK}} \text{C}_6\text{H}_5\text{—CH}=\text{CH—COOH} + \text{CH}_3\text{COOH}$$

碱的作用是促使酸酐烯醇化,生成乙酸酐碳负离子,接着与芳香醛发生亲核加成,最后经 β-消去,产生肉桂酸盐。

肉桂酸是生产冠心病药物"心可安"的重要中间体。其酯类衍生物是配制香精和食品香料的重要原料。它在农用塑料和感光树脂等精细化工产品的生产中也有着广泛的应用。

【仪器及药品】

1. 仪器

水蒸气蒸馏装置等。

2. 药品

苯甲醛、乙酸酐、无水醋酸钾、饱和碳酸钠溶液、浓盐酸、活性炭等。

【实验内容】

在 250 mL 三口烧瓶中加入 6 g 新熔焙过并研细的无水醋酸钾粉末[1],11 mL 新蒸馏过的苯甲醛[2],15 mL 新蒸馏过的乙酸酐[3],振荡使其混合均匀。三口烧瓶中间口接上空气冷凝管,侧口其一装上温度计,另一个用塞子塞上。用加热套低电压加热使其回流,反应液始终保持在 150～170 ℃[4],使反应进行(回流)1 h。

取下三口烧瓶,向其中加入 40 mL 水,一边充分摇动烧瓶,一边慢慢加入饱和碳酸钠溶液,直到反应混合物呈弱碱性[5]。然后将三口烧瓶接通水蒸气发生器及冷凝装置(图 2-3-5),进行水蒸气蒸馏(蒸去什么?),直到馏出液中无油珠为止。

卸下水蒸气蒸馏装置,向三口烧瓶中加入 1.0 g 活性炭,加热沸腾 2～3 min。然后进行热过滤。将滤液转移至干净的 200 mL 烧杯中,慢慢地用浓盐酸进行酸化至明显的酸性[6](大约用 25 mL 浓盐酸)。然后进行冷却(可用冷水浴)至肉桂酸充分结晶,之后进行抽滤。晶体用少量冷水洗涤。抽滤,要把水分彻底抽干,在 100 ℃ 下干燥[7],可得 7～8 g 产品[8]。

【主要技术与注意事项】

[1] 无水醋酸钾需新熔焙。它的吸水性很强,操作要快。它的干燥程度对反应能否进行和产量的提高都有明显的影响。熔焙的方法:将含水醋酸钾放入蒸发皿中加热,则盐在所含结晶水中溶化,水分挥发后又结成固体。强热时固体熔化,并不断搅拌,使水分散发后趁热倒在金属板上,冷却后再用研钵研碎,放在干燥器中备用。

[2] 久置后的苯甲醛易自动氧化成苯甲酸,这不但影响产率,而且苯甲酸混在产物中不易除净,影响产物的纯度,故苯甲醛使用前必须蒸馏,收集 170～180 ℃ 馏分。

[3] 放久了的乙酸酐易潮解吸水成为醋酸,故在实验前必须将乙酸酐重新蒸馏,否则会影响产率。

[4] 可用油浴或电热套加热。反应温度超过 200 ℃ 会发生脱羧反应而使反应物黏稠,影响反应的进行。

[5] 加入饱和碳酸钠溶液的目的是保证溶液呈碱性,控制 pH＝8 较合适,使肉桂酸以盐的形式溶于水中而不被蒸出。碳酸钠不能用 NaOH 代替,否则会发生坎尼查罗反应。生成的苯甲酸难以分离出去,影响产物的质量。

[6] 酸化的目的是使肉桂酸的盐转化为酸析出,因此必须酸化至强酸性。

[7] 所用仪器必须是干燥的。因乙酸酐遇水能水解成醋酸,无水醋酸钾遇水失去催化作用,影响反应的进行。

[8] 加热回流,控制反应呈微沸状态,如果反应液激烈沸腾易使乙酸酐蒸气逸出,影响产率。

【参考学时】

5～6 学时。

【预习要求】

(1) 复习 Perkin 反应,充分理解肉桂酸的制备原理和方法。

(2) 预习回流、简易水蒸气蒸馏操作以及固体有机化合物的提纯方法。

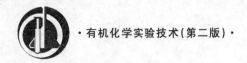

【实验思考题】

（1）若用苯甲醛与丙酸酐发生 Perkin 反应，其产物是什么？

（2）在实验中，如果苯甲醛原料中含有少量的苯甲酸，这对实验结果会产生什么影响？应采取什么样的措施？

（3）在水蒸气蒸馏前若不向反应混合物中加碱，蒸馏馏分中会有哪些组分？

（4）苯甲醛和丙酸酐在无水的丙酸钾存在下相互作用得到什么产物？写出反应方程式。

（5）反应中，如果使用与酸酐不同的羧酸盐，会得到两种不同的芳香丙烯酸，为什么？

【附注】

主要试剂及产物的物理常数见表 3-11-1。

表 3-11-1　主要试剂及产物的物理常数

名称	相对分子质量	性状	n_D^{20}	d_4^{20}	熔点/℃	沸点/℃	溶　解　性		
							水	醇	醚
苯甲醛	106.12	无色液体	1.545	1.044	−26	178～179	微溶	混溶	混溶
乙酸酐	102.09	无色刺激液体	1.390	1.082	−73.1	139.55	微溶	溶	溶
肉桂酸	148.16	无色结晶	—	1.248	133～134	300	溶（热）	溶	溶

项目十二　硝基苯的制备

【实验目的】

（1）通过硝基苯的制备，加深对芳烃亲电取代反应的理解。

（2）进一步掌握液体干燥、简单蒸馏的实验操作。

【实验原理】

硝化反应是制备芳香硝基化合物的主要方法，也是重要的亲电取代反应之一。芳烃的硝化较容易进行，在浓硫酸存在下芳烃与浓硝酸作用，芳烃的氢原子被硝基取代，生成相应的硝基化合物。

主反应：

$$\text{⟨苯环⟩} + HNO_3(\text{浓}) \xrightarrow[50\sim55\,℃]{H_2SO_4(\text{浓})} \text{⟨苯环⟩}NO_2 + H_2O$$

副反应：

$$\text{⟨苯环⟩} + 2HNO_3(\text{浓}) \xrightarrow[50\sim55\,℃]{H_2SO_4(\text{浓})} \text{⟨苯环⟩}(NO_2)_2 + 2H_2O$$

硫酸的作用是提供强酸性的介质，有利于硝酰阳离子（N^+O_2）的生成，它是真正的亲电试剂。硝化反应通常在较低的温度下进行，在较高的温度下硝酸的氧化作用往往导致原料的损失。

【仪器及药品】

1. 仪器

电动搅拌回流装置等。

2. 药品

苯、浓硝酸、浓硫酸、10%碳酸钠溶液、饱和食盐水、无水氯化钙等。

【实验内容】

在 100 mL 锥形瓶中放入 20 mL 浓硫酸,把锥形瓶置于冷水浴中,一边不断地摇动锥形瓶,一边将 18 mL 浓硝酸慢慢地注入浓硫酸中制成混酸备用。

在 100 mL 三口烧瓶中放入 17.8 mL 苯,在中间口安装电动搅拌器,一个侧口安装冷凝管,另一个侧口插上温度计(图 2-2-10),其水银球浸到液面下,离烧瓶底约 5 mm。开动搅拌器,通过冷凝管上口,将已冷却的混酸分多次[1]加入苯中。每加一次后,必须充分搅拌,使苯与混酸充分接触,待反应物的温度不再上升而趋于下降时,才继续加混酸(为什么?),反应物的温度应保持在 40~50 ℃,若超过 50 ℃,可用冷水浴冷却烧瓶。加料完毕后,把烧瓶放在水浴上加热,约于 10 min 内把水浴温度提高到 60 ℃左右(反应混合物的温度为 60~65 ℃),继续搅拌并保持 30 min[2]。

反应物冷却至室温后,将反应混合物倒入分液漏斗中。静置分层,分出酸层(哪一层?怎样判断和检验?),倒入指定回收瓶内。粗硝基苯[3]先用等体积的冷水洗涤,再用 10%碳酸钠溶液洗涤[4],直到溶液不显酸性[5]。最后用水洗至中性(如何检验?)。分离出粗硝基苯,放在干燥的小锥形瓶中,加入无水氯化钙干燥,间歇振荡锥形瓶。

把澄清透明的硝基苯倒入 50 mL 蒸馏烧瓶中,连接空气冷凝管。在石棉网上加热蒸馏,收集 204~210 ℃的馏分。为了避免残留在烧瓶中的二硝基苯在高温下分解而引起爆炸,注意勿将产物蒸干[6]。产量约为 17 g。

【主要技术与注意事项】

[1] 苯的硝化反应为放热反应。在开始加入混酸时,硝化反应速率较小,每次加混酸的量宜为 0.5~1 mL。随着混酸的加入和硝基苯的生成,反应混合物中的苯的浓度逐渐降低,硝化反应的速率也随之减慢,故在加入后一半混酸时,每次加入 1.5~2 mL。

[2] 用吸管吸取少许上层反应液,滴到饱和食盐水中,当观察到油珠下沉时,那就表示硝化反应已经完成。

[3] 硝基化合物对人体的毒性较大,所以处理硝基化合物时要特别小心,如不慎触及皮肤,应立即用少量乙醇洗,可用肥皂和温水洗涤。

[4] 洗涤硝基苯时,不可过分用力振荡,否则使产品乳化难以分层,遇此情况,可加入固体 NaOH 或 NaCl 饱和溶液一滴,加数滴乙醇,静置片刻即可。

[5] 如果使用工业浓硫酸,其中含有的少量汞盐等杂质具有催化作用,使反应产物中含有微量的多硝基酚,如苦味酸和 2,4-二硝基苯酚,它们的碱溶液呈深黄色。应洗到碱溶液几近无色。

[6] 因残留在烧瓶中的硝基苯在高温时易发生剧烈分解,故蒸产品时不可蒸干或使温度超过 114 ℃。

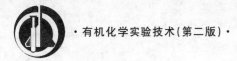
【参考学时】

4～6 学时。

【预习要求】

(1) 复习硝基苯制备的原理及方法。

(2) 预习液体干燥、简单蒸馏等基本操作。

【实验思考题】

(1) 本实验为什么要控制反应温度在 50～55 ℃？温度过高有什么不好？

(2) 粗产物依次用水、碱液、水洗涤的目的何在？

(3) 硫酸在本实验中起什么作用？

(4) 一次把混酸加完,会产生什么结果？

【附注】

主要试剂及产物的物理常数见表 3-12-1。

表 3-12-1　主要试剂及产物的物理常数

名称	相对分子质量	熔点或沸点/℃	溶　解　性		
			水	醇	醚
硝基苯	123.11	210.8(沸点)	不溶	易溶	易溶
苯	78.11	5.5(熔点)、80.1(沸点)	不溶	溶	溶
硝酸	63.01	−42(熔点)、86(沸点)	溶	—	—
硫酸	98.08	10.35(熔点)、340(沸点)	溶	不宜混合	不宜混合

项目十三　苯甲酸乙酯的制备

【实验目的】

(1) 掌握酯化反应原理以及直接酯化法制备苯甲酸乙酯的过程。

(2) 复习分水器的使用及液体有机化合物的精制方法。

(3) 掌握回流、干燥等实验操作技术。

【实验原理】

主反应：

$$\text{C}_6\text{H}_5\text{COOH}+\text{CH}_3\text{CH}_2\text{OH} \underset{}{\overset{\text{H}_2\text{SO}_4}{\rightleftharpoons}} \text{C}_6\text{H}_5\text{COOCH}_2\text{CH}_3 +\text{H}_2\text{O}$$

副反应：

$$2\text{CH}_3\text{CH}_2\text{OH} \xrightarrow[\triangle]{\text{H}_2\text{SO}_4} \text{CH}_3\text{CH}_2\text{OCH}_2\text{CH}_3+\text{H}_2\text{O}$$

【仪器及药品】

1. 仪器

分水回流装置等。

84

2. 药品

苯甲酸、无水乙醇、浓硫酸、碳酸钠、无水氯化钙、苯、乙醚等。

【实验内容】

在干燥的 250 mL 圆底烧瓶中,加入 8.2 g 苯甲酸、16 mL 无水乙醇、7 mL 苯和 3 mL 浓硫酸。摇匀后加沸石,安装分水器。分水器的上端接一回流冷凝管,由冷凝管上端倒入水至分水器的支管处(图 2-2-4),然后放去 6 mL[1]。

将烧瓶放在水浴上加热回流,开始时回流速度要慢,随着回流的进行,分水器中出现上、中、下三层液体[2],且中层越来越多。约 3 h 后,分水器中层液体达 5~6 mL,即可停止加热。放出中、下层液体并记下体积。继续用水浴加热,使多余的苯和乙醇蒸至分水器中(当充满时可由活塞放出,注意放出时要移去火源)。

将烧瓶中的残液倒入盛有 55 mL 冷水的烧杯中,在搅拌下分批加入碳酸钠粉末[3]中和至无二氧化碳气体产生(用 pH 试纸检验至中性)。

用分液漏斗分出粗产物,用 17 mL 乙醚萃取水层[4]。将乙醚液和粗产物合并,用无水氯化钙干燥。将干燥后的产物滤入烧瓶中,安装蒸馏装置,先用水浴蒸去乙醚,再在石棉网上加热,收集 210~213 ℃的馏分,产量为 7~8 g。

纯苯甲酸乙酯的折光率为 1.5001。

【主要技术与注意事项】

[1] 根据理论计算,失水量(包括 95% 乙醇的含水量)约为 2 g。因为本反应是借助共沸蒸馏带走反应中生成的水,共沸物的下层的总体积约为 6 mL。

[2] 下层为原来加入的水。由反应瓶中蒸发出的气体为三元共沸物(沸点 64.6 ℃,含苯 74.1%、乙醇 18.5%、水 7.4%),它从冷凝管流入分水器后分为两层,上层占 84%(含苯 86%、乙醇 12.7%、水 1.3%),下层占 16%(含苯 4.8%、乙醇 52.1%、水 43.1%),此下层即为分水器中的中层。

[3] 加碳酸钠是为了除去硫酸及未作用的苯甲酸,要研细后分批加入,否则会产生大量的气体而使液体溢出。

[4] 若粗产品中含絮状物难以分离,则可直接用 17 mL 乙醚萃取。

【参考学时】

6~8 学时。

【预习要求】

(1) 预习酯化反应原理以及直接酯化法制备苯甲酸乙酯的方法。

(2) 预习萃取、分离和干燥等实验操作及分水器的使用。

【实验思考题】

(1) 本实验采用何种措施提高酯的产率?

(2) 为什么采用分水器除水?

(3) 何种原料过量?为什么?为什么要加苯?

(4) 浓硫酸的作用是什么?常用酯化反应的催化剂有哪些?

(5) 在萃取和分液时,两相之间有时出现絮状物或乳浊液,难以分层,如何解决?

【附注】

主要试剂及产物的物理常数见表 3-13-1。

表 3-13-1 主要试剂及产物的物理常数

名称	相对分子质量	n_D^{20}	熔点或沸点/℃	溶 解 性		
				水	醇	醚
苯甲酸乙酯	150.18	1.5001	213(沸点)	微溶(热)	溶	溶
苯甲酸	122.13	—	122.4(熔点)、249(沸点)	微溶	溶	溶
乙醇	46.07	—	−114.5(熔点)、78.4(沸点)	溶	溶	溶
乙醚	74.12	—	−116.2(熔点)、34.5(沸点)	微溶	溶	溶
苯	78.11	—	5.5(熔点)、80.1(沸点)	不溶	溶	溶

项目十四 茶叶中咖啡因的提取

【实验目的】

(1) 掌握从茶叶中提取生物碱的原理和方法。

(2) 学会索氏提取器(脂肪提取器)连续抽提的实验操作技术。

(3) 掌握升华法提纯固体物质的实验操作。

【实验原理】

咖啡因具有刺激心脏、兴奋大脑神经和利尿等作用。咖啡因主要用作中枢神经兴奋药。它也是复方阿司匹林等药物的组分之一。现代制药工业多用合成方法制得咖啡因。

茶叶中含有多种生物碱,其中咖啡因占 1%～5%,单宁酸(或称鞣酸)占 11%～12%,色素、纤维素、蛋白质等约占 0.6%。咖啡因是弱碱性化合物,易溶于氯仿(12.5%)、水(2%)、乙醇(2%)及热苯(5%)等。

咖啡因为嘌呤的衍生物,化学名称是 1,3,7-三甲基-2,6-二氧嘌呤,其结构式与茶碱、可可碱类似。

嘌呤   咖啡因   茶碱   可可碱

含结晶水的咖啡因为白色针状结晶粉末,味苦,能溶于水、乙醇、丙酮、氯仿等,微溶于石油醚。在 100 ℃时失去结晶水,开始升华。120 ℃时升华显著,178 ℃以上升华加快。

无水咖啡因的熔点为 238 ℃。从茶叶中提取咖啡因,是用适当的溶剂(氯仿、乙醇、苯等)在索氏提取器中连续抽提,浓缩得粗咖啡因。粗咖啡因中还含有一些其他的生物碱和杂质,可利用升华法进一步提纯。

咖啡因可以通过测定熔点及光谱加以鉴别。此外,咖啡因是弱碱性化合物,能与酸成盐。其水杨酸盐衍生物的熔点为 138 ℃,可借此进一步验证其结构。

【仪器及药品】

1. 仪器

提取装置(图 3-14-1)、加热及升华装置(图 3-14-2)等。

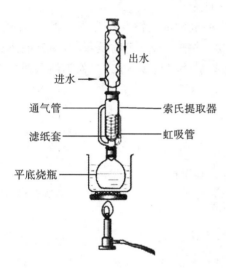

图 3-14-1 咖啡因提取装置

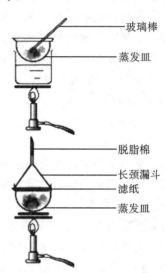

图 3-14-2 咖啡因加热及升华装置

2. 药品

茶叶、乙醇、生石灰等。

【实验内容】

1. 提取

称取 10 g 茶叶,放入索氏提取器[1]的滤纸套筒中[2],加入适量的 95% 乙醇淹没茶叶,但液面低于虹吸管的最高处,再往平底烧瓶中加入 50 mL 95% 乙醇,用水浴加热,连续提取 2～3 h(虹吸 7～8 次)[3],直到提取液为浅色后,停止加热。稍冷,改成蒸馏装置,回收提取液中的大部分乙醇[4]。

2. 升华

将乙醇的浓缩液趁热倒入蒸发皿中,用少许乙醇洗涤烧瓶后,也倒入蒸发皿中。加入约 4 g 生石灰[5]搅拌成糊状,水浴上蒸干,压碎成粉末,稍冷后,安装升华装置(图 3-14-2)。将口径合适的长颈漏斗罩在隔了刺有许多小孔的滤纸的蒸发皿上,用小火间接加热升华[6]。控制加热温度在 220 ℃ 左右(此时纸微黄)。当滤纸上出现许多白色毛状结晶时,停止加热,自然冷却至 100 ℃ 左右。小心取下漏斗,揭开滤纸,用刮刀将纸上和器皿周围的咖啡因刮下。残渣经拌匀后用较大的火再加热升华片刻,使升华完全。合并两次收集的咖啡因,称重并测定熔点。产量为 45～65 mg。

【主要技术与注意事项】

[1] 索氏提取器的虹吸管极易折断,安装仪器和取拿时须特别小心。

[2] 滤纸套筒大小要合适,以既能紧贴器壁,又能方便取放为宜,其高度不得超过虹吸管的最高处;要注意茶叶末不能掉出滤纸套筒,以免堵塞虹吸管;纸套上面折成凹形,以保证回流液均匀浸润被萃取物,也可以用塞棉花的方法代替滤纸套筒。用少量棉花轻轻堵住虹吸管口。

[3] 若提取液颜色很淡,立即停止提取。

[4] 瓶中乙醇不可蒸得太干,否则残液很黏,转移时损失较大。

[5] 生石灰起吸水和中和作用,以除去部分酸性杂质。

[6] 在萃取回流充分的情况下,升华操作是实验成败的关键。在升华过程中,始终都需用小火间接加热。如温度太高,滤纸会炭化变黑,并把一些有色物质蒸出,使产品不纯。进行再升华时,加热温度也要严格控制,否则使被烘物大量冒烟,导致产物不纯和损失。

【参考学时】

4～6学时。

【预习要求】

(1) 复习生物碱的提取原理和方法的相关知识。

(2) 预习用索氏提取器连续抽提和升华的实验操作技术。

【实验思考题】

(1) 提取咖啡因时,生石灰起什么作用?

(2) 从茶叶中提取出的粗咖啡因有绿色光泽,为什么?

(3) 什么样的固体物质才可采用升华法来精制?

【附注】

(1) 主要试剂及产物的物理常数见表 3-14-1。

表 3-14-1　主要试剂及产物的物理常数

名称	相对分子质量	性状	d_4^{20}	熔点/℃	沸点/℃	溶解性		
						水	醇	醚
咖啡因 ($C_8H_{10}N_4O_2$)	194.19	白色结晶	1.2300	234～239	178(升华)	易溶(热) 微溶(冷)	微溶	微溶
乙醇	46.07	无色液体	0.780	−114.5	78.4	溶	溶	溶

(2) 吴云英等对索氏提取器进行改进,得到内通气集热式索氏提取器(图 3-14-3)。对照实验结果表明,改进装置提取率为原装置的 1.3 倍,耗时减少一半。

(3) 陈秀丽等用恒压漏斗代替索氏提取器,节约了成本及能源,操作简便;实验以水为溶剂符合绿色化学的思想;无须蒸馏溶剂环节,节省时间,用调温电热套进行升华效果明显优于酒精灯。

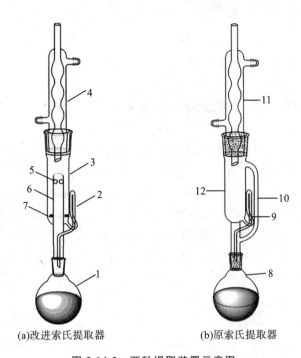

图 3-14-3　两种提取装置示意图

1,8—圆底烧瓶；2,9—虹吸管；3,12—提取筒；4,11—冷凝管；

5—通气孔；6—通气管；7—砂芯隔板；10—侧管

项目十五　乙酰乙酸乙酯的制备

【实验目的】

(1) 了解克莱森(Claisen)酯缩合反应的机理和应用。

(2) 掌握在酯缩合反应中金属钠的作用和操作。

(3) 掌握无水操作及减压蒸馏等操作。

【实验原理】

含 α-活泼氢的酯在强碱性试剂(如 Na、$NaNH_2$、NaH、三苯甲基钠或格氏试剂)存在下,能与另一分子酯发生 Claisen 酯缩合反应,生成 β-羰基酸酯。乙酰乙酸乙酯就是通过这一反应制备的。虽然反应中使用金属钠作为缩合试剂,但真正的催化剂是钠与乙酸乙酯中残留的少量乙醇作用产生的乙醇钠。

$$2CH_3COOCH_2CH_3 \xrightarrow{C_2H_5ONa} CH_3\overset{\displaystyle O}{\overset{\displaystyle \|}{C}}CH_2COOCH_2CH_3 + C_2H_5OH$$

乙酰乙酸乙酯的酮式与烯醇式是互变异构(或动态异构)现象的一个典型例子。在室温时含 92% 的酮式和 8% 的烯醇式。单个异构体具有不同的性质并能分离为纯态,但在微量酸(碱)催化下,迅速转化为两者的平衡混合物。

凡含 α-活泼氢的酯在碱性催化剂存在下,都能与另一分子的酯发生缩合反应。

【仪器及药品】

1. 仪器

减压蒸馏装置、无水干燥回流装置等。

2. 药品

金属钠、乙酸乙酯、二甲苯、醋酸、饱和氯化钠溶液、无水硫酸钠等。

【实验内容】

在干燥[1]的 100 mL 圆底烧瓶中加入 2.5 g 新切成小薄片的金属钠[2]和 12.5 mL 二甲苯,装上冷凝管,在石棉网上小心加热使钠熔融。立即拆去冷凝管,用橡皮塞塞紧圆底烧瓶,用力来回振摇[3],即得细粒状钠珠。稍经放置后钠珠即沉于瓶底,将二甲苯倾滗后倒入公用回收瓶(切勿倒入水槽或废物缸,以免引起火灾)。迅速向瓶中加入 27.5 mL 乙酸乙酯[4],重新装上冷凝管,并在其顶端装一氯化钙干燥管(图 2-2-3)。反应随即开始,并有氢气逸出。如反应很慢,可稍加热。待激烈的反应过后,置反应瓶于石棉网上小火加热,保持微沸状态,直至所有金属钠全部作用完为止[5]。反应约需 1.5 h。此时生成的乙酰乙酸乙酯钠盐为橘红色透明溶液(有时析出黄白色沉淀)[6]。

待反应物稍冷后,将圆底烧瓶取下,在摇荡下加入 50% 醋酸,直到反应液呈弱酸性(约需 15 mL)[7]。此时,所有的固体物质均已溶解。将反应液转移到分液漏斗中,加入等体积的饱和氯化钠溶液,用力振摇片刻。静置分层,分出酯,倒入 100 mL 锥形瓶内,用无水硫酸钠干燥后滤入干燥的 100 mL 圆底烧瓶,先在沸水浴上蒸馏,蒸去未作用的乙酸乙酯(必要时用真空泵减压蒸馏),然后改装成减压蒸馏装置(图 2-3-8)进行减压蒸馏[8],减压蒸馏时须缓慢加热,待残留的低沸点物质蒸出后,再升高温度,收集乙酰乙酸乙酯。产量约为 1.1 g(产率[9]约 40%)。

【主要技术与注意事项】

[1] 本实验的关键是所用仪器必须是干燥的,所用的乙酸乙酯必须是无水的。金属钠易与水反应放出氢气及大量的热,易导致燃烧和爆炸。NaOH 的存在易使乙酸乙酯水解成醋酸钠,更重要的是水会消耗金属钠,难以形成碳负离子中间体,导致实验失败。

[2] 金属钠遇水易燃烧爆炸,在空气中易氧化,故在称量压丝和切成片的过程中,操作要迅速。金属钠的颗粒大小,直接影响酯缩合反应的速度,最好将压丝机出口的钠丝直接装入盛有乙酸乙酯的烧瓶内。

[3] 振摇钠为本实验的关键步骤,因为钠珠的大小决定着反应的快慢。钠珠越细越好,应呈小米状细粒。否则,应重新熔融再摇。摇钠时应用干抹布包住瓶颈,快速而有力地来回振摇,往往用力振摇数下即达到要求。切勿对着人摇,也勿靠近实验桌摇,以防意外。

[4] 所用乙酸乙酯的品质对反应进程影响很大,它应是绝对无水的,同时乙醇的含量应少于 2%,为达到此要求,可将普通乙酸乙酯用饱和氯化钙溶液洗涤两次,再用熔焙过的无水碳酸钾干燥,在水浴上蒸馏,收集 76~78 ℃的馏分。

[5] 一般不应该有固体金属钠,但很少量未反应的金属钠并不妨碍进一步操作。

[6] 这种黄白色固体即是饱和后析出的乙酰乙酸乙酯钠盐。

[7] 用醋酸中和时,开始有固体析出,继续加酸并不断振摇,固体会逐渐消失,最后得到澄清的液体。如尚有少量固体未溶解,可加少许水使之溶解。但应避免加过量的醋酸,否则会增加酯在水中的溶解度而降低产量。

[8] 乙酰乙酸乙酯在常压蒸馏时很易分解,其分解产物为"失水醋酸",这样会影响产率,故采用减压蒸馏法。

[9] 本实验的产率通常根据金属钠的用量来计算,尽可能在 1~2 天内完成实验,如果间隔时间太长,会因醋酸的生成而降低产量。

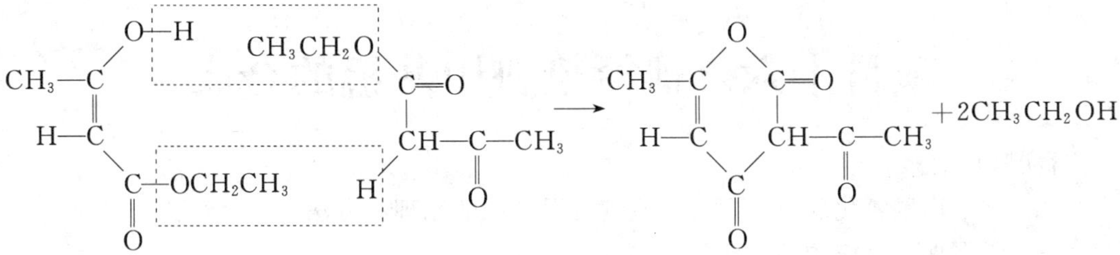

【参考学时】

6~8 学时。

【预习要求】

(1) 复习 Claisen 酯缩合反应的机理和应用。

(2) 预习在酯缩合反应中金属钠的作用和操作步骤。

(3) 学习无水操作及减压蒸馏等操作。

【实验思考题】

(1) 什么是 Claisen 酯缩合反应中的催化剂?本实验为什么可以用金属钠代替?为什么计算产率时要以金属钠为基准?

(2) 本实验中加入 50% 醋酸和饱和氯化钠溶液有何作用?

(3) 为什么使用二甲苯作溶剂,而不用苯或甲苯?

(4) 为什么要做钠珠?

(5) 为什么用醋酸酸化,而不用稀盐酸或稀硫酸酸化?为什么要调到弱酸性,而不是中性?

(6) 加入饱和食盐水的目的是什么?

(7) 中和过程开始析出的少量固体是什么?

(8) 乙酰乙酸乙酯沸点并不高,为什么要用减压蒸馏的方式?

(9) 乙酰乙酸乙酯在合成上有什么用途?烷基取代乙酰乙酸乙酯与稀碱和浓碱作用将分别得到什么产物?

【附注】

主要试剂及产物的物理常数见表 3-15-1。

表 3-15-1　主要试剂及产物的物理常数

名称	相对分子质量	性状	n_D^{20}	d_4^{20}	熔点/℃	沸点/℃	溶解性		
							水	醇	醚
间二甲苯	106.16	无色液体	1.4973	0.867	−47.4	139.3	不溶	溶	溶
乙酸乙酯	88.10	无色液体	1.3727	0.905	−83.6	77.3	微溶	溶	溶
乙酰乙酸乙酯	130.14	无色液体	1.4190	1.021	−43	181	溶	易溶	易溶

项目十六　偶氮染料甲基橙的合成

【实验目的】

(1) 掌握由重氮化反应和偶合反应制备甲基橙的原理和方法。

(2) 掌握偶合反应的必备条件。

(3) 通过甲基橙的制备，掌握重氮化反应和偶合反应的操作。

【实验原理】

甲基橙是一种酸碱指示剂，属于偶氮化合物。它是对氨基苯磺酸的重氮盐与 N,N-二甲基苯胺的醋酸盐，在弱酸性介质中偶合得到。偶合先得到的是红色的酸式甲基橙，称为酸性黄，在碱性介质中酸性黄转变为甲基橙的钠盐，即甲基橙。具体反应方程式如下：

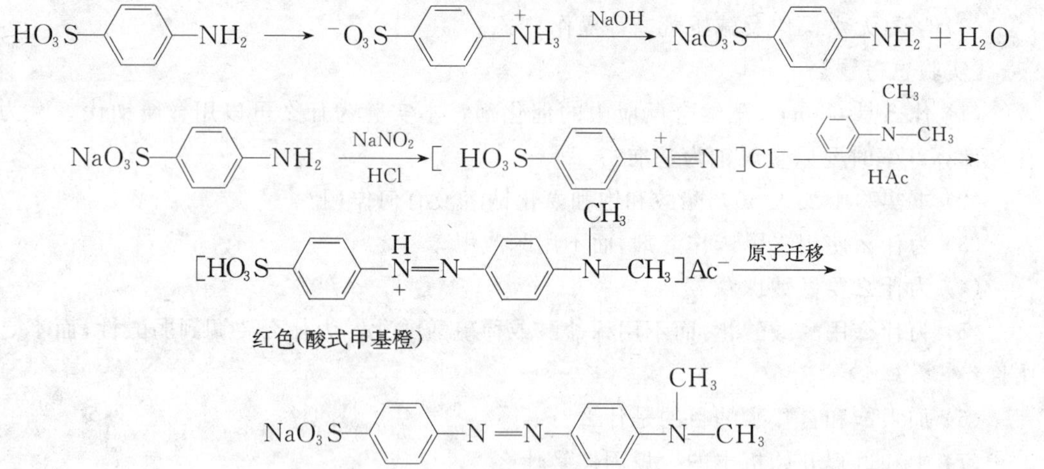

红色(酸式甲基橙)

甲基橙

【仪器及药品】

1. 仪器

烧杯、试管、抽滤装置等。

2. 药品

对氨基苯磺酸、N,N-二甲基苯胺、5%氢氧化钠溶液、浓盐酸、冰醋酸、10%亚硝酸钠溶液、10%氢氧化钠溶液、饱和食盐水等。

【实验内容】

1. 重氮盐的制备

在 125 mL 烧杯中,放置 10 mL 5%氢氧化钠溶液,再向溶液中加入 1.7 g 对氨基苯磺酸,温水浴加热搅拌至溶解[1]。冷却后,置于冰水浴中,边搅拌边加入 8 mL 10%亚硝酸钠溶液,使其搅拌混合。在另一个 100 mL 烧杯中加入 8 mL 1:2 的盐酸(浓盐酸与水的体积比为 1:2),将烧杯置于冰水浴中,并把上述对氨基苯磺酸混合液滴入此稀盐酸中,边滴加边搅拌,务必维持温度在 0~5 ℃。对氨基苯磺酸的重氮盐在短时间内就呈细粉粒状的白色沉淀析出[2],反应液由橙黄色变为乳黄色。然后在冰水浴中放置 15 min,以保证反应完全。

2. 偶合

在试管中将 1.3 mL N,N-二甲基苯胺[3]和 1.0 mL 冰醋酸混匀,在搅拌下将该溶液慢慢地滴入冷却的重氮盐悬浮乳液中,随即形成红色的甲基橙,继续搅拌 10 min,使偶合完全[4]。然后在冰水浴中边搅拌边加入 10%氢氧化钠溶液(约 30 mL),至反应液变为橙色溶液,此时反应液应呈碱性[5],粗品甲基橙呈细粒状(有些为糊状)沉淀析出。将混合物置于沸水浴中加热(使固体陈化)5 min[6],冷却后,再放置于冰浴中冷却,使甲基橙晶体完全析出。抽滤收集晶体,用饱和食盐水冲洗烧杯两次,每次 10 mL,并用这些冲洗液洗涤沉淀,压干。粗产物为橙红色晶体。

3. 重结晶

粗产物可用水进行重结晶(每克粗产物约需 30 mL 水)。将滤饼和滤纸移至盛有约 150 mL 沸水的大烧杯中,加水,微微加热(不超过 70 ℃),用玻璃棒不断搅拌,滤饼几乎完全溶解后[7],取出滤纸,使甲基橙完全析出。抽滤,依次分别用少量水、乙醇和乙醚洗涤[8],压干或抽干,得到橙黄色片状的甲基橙晶体。在红外灯下烘干,称重,产物约为 2.7 g。

【主要技术与注意事项】

[1] 重氮化反应温度应严格控制在 0~5 ℃,如果温度高,重氮盐易水解成酚,降低产率,导致失败。因此制备好以后,仍需保存在冰水浴中备用。放置过程中也应经常搅拌。

[2] 对氨基苯磺酸的重氮盐在此时往往析出,这是因为重氮盐在水中可解离,形成内盐,在低温时难溶于水而形成细小的晶体析出。

[3] N,N-二甲基苯胺久置易氧化,因此需要重新蒸馏后再使用。该有机物有毒,蒸馏时应在通风橱中进行。处理时要特别小心,不要触及皮肤,避免吸入毒气。如触及皮肤立刻用 2%醋酸擦洗,然后用肥皂水洗。

[4] 若产物中含有未作用的 N,N-二甲基苯胺醋酸盐,在加入氢氧化钠溶液后,就会有难溶于水的 N,N-二甲基苯胺析出,影响产物纯度。

[5] 用试纸测试溶液是否呈碱性,否则色泽不佳。

[6] 加热温度不宜过高,一般在 60 ℃左右,否则颜色变深,影响质量。

[7] 待溶液稍冷后,可根据粗产物的颜色加 10%氢氧化钠溶液 2~5 mL。

[8] 重结晶操作要迅速,否则由于产物呈碱性,在温度高时易变质,颜色变深。用乙

醇和乙醚洗涤的目的是使其迅速干燥。

【参考学时】

4～6学时。

【预习要求】

（1）复习重氮化反应和偶合反应制备甲基橙的原理和方法。

（2）预习偶合反应的必备条件。

（3）通过甲基橙的制备，掌握重氮化反应和偶合反应的操作。

【实验思考题】

（1）在重氮盐制备前为什么还要加入氢氧化钠？如果直接将对氨基苯磺酸与盐酸混合后，再加入亚硝酸钠溶液进行重氮化操作行吗？为什么？

（2）制备重氮盐时为什么要维持0～5 ℃的低温？温度高有何不良影响？

（3）重氮化反应为什么要在强酸条件下进行？偶合反应为什么要在弱酸条件下进行？

（4）进行重氮化反应时，为什么必须在低温下进行？温度升高会发生什么反应？

（5）在实验中制备重氮盐时为什么要把对氨基苯磺酸变成钠盐？

（6）为什么在酸碱滴定中甲基橙可用作指示剂？

（7）N,N-二甲基苯胺为何在环的对位与重氮盐发生偶合？

【附注】

主要试剂及产物的物理常数见表3-16-1。

表3-16-1　主要试剂及产物的物理常数

名称	相对分子质量	熔点或沸点/℃	溶解性		
			水	醇	醚
甲基橙	327.34	300（熔点）	微溶	不溶	不溶
对氨基苯磺酸	173.19	288（熔点）	微溶（冷）溶（沸）	不溶	不溶
N,N-二甲基苯胺	121.18	2.45（熔点）、194.5（沸点）	不溶	溶	溶

项目十七　乙酰水杨酸的合成

【实验目的】

（1）掌握酰化反应的原理以及实验操作技术。

（2）熟悉乙酰水杨酸重结晶提纯法。

（3）学会减压过滤方法。

【实验原理】

乙酰水杨酸常用水杨酸与乙酸酐（或乙酰氯）进行酰化反应而制得。加入少量浓硫酸作为催化剂，以破坏水杨酸分子中的羧基的氧原子与酚羟基的氢原子形成的氢键，可以加速酰化反应的进行。反应方程式如下：

$$\underset{\text{COOH}}{\overset{\text{OH}}{\bigcirc}} + (CH_3CO)_2O \xrightarrow{H^+} \underset{\text{COOH}}{\overset{\text{OOCCH}_3}{\bigcirc}} + CH_3COOH$$

乙酰水杨酸又名阿司匹林，为片状或白色针状结晶，熔点为 135 ℃，常与其他药物配伍用作解热镇痛剂。

【仪器及药品】

1. 仪器

抽滤装置、100 mL 锥形瓶、50 mL 烧杯、试管、量筒、水浴锅、托盘天平、温度计等。

2. 药品

水杨酸、乙酸酐、浓硫酸、0.1 mol/L $FeCl_3$ 溶液、无水乙醇等。

【实验内容】

在 100 mL 干燥的锥形瓶中加入 5.0 g 水杨酸和 5 mL 乙酸酐，再加入 5 滴浓硫酸，充分振摇，置于 70 ℃ 水浴上加热 20 min[1]，然后将锥形瓶取出，冷却至室温后，加入 50 mL 蒸馏水，用冰水浴冷却 15 min，使结晶完全析出，减压过滤，用少许蒸馏水洗涤晶体 2～3 次，抽干，即得粗制的乙酰水杨酸。

将粗制的乙酰水杨酸转移至干燥的小烧杯中，加入 10 mL 无水乙醇，在水浴上加热，使其溶解。趁热抽滤，除去不溶性杂质。滤液倒入一干净的小烧杯中，加入 30 mL 蒸馏水，搅拌后放入冰水中冷却至结晶完全，再进行抽滤，并用少许蒸馏水洗涤晶体 2～3 次，抽干水分，即制得纯化的乙酰水杨酸。

取两支干净试管，分别加少量粗品、纯品乙酰水杨酸[2]溶于 2 mL 乙醇中，然后分别加 1 滴 0.1 mol/L $FeCl_3$ 溶液，观察颜色的变化。

【参考学时】

3～4 学时。

【主要技术与注意事项】

[1] 反应温度应控制在 70 ℃ 以下，过高的温度会产生副产物，如水杨酰水杨酸酯、乙酰水杨酰水杨酸酯。

水杨酰水杨酸酯　　　　　　　　乙酰水杨酰水杨酸酯

[2] 乙酰水杨酸粗品中往往混有一些未反应完的水杨酸，它会与 $FeCl_3$ 溶液作用产生颜色变化，以此可以检查产品的纯度。

【实验思考题】

(1) 在制备乙酰水杨酸时，为什么要加入浓硫酸？

(2) 在本实验中，会有副反应发生，写出副反应的反应方程式。

项目十八 (±)-苯乙醇酸(苦杏仁酸)的合成及拆分

【实验目的】

(1) 掌握(±)-苯乙醇酸的制备原理和方法。

(2) 学习相转移催化合成的基本原理和技术。

(3) 巩固萃取和重结晶操作技术。

(4) 熟悉外消旋体的拆分原理和实验方法。

【实验原理】

苯乙醇酸(俗名扁桃酸,又称苦杏仁酸)可用于合成环扁桃酸酯、扁桃酸乌洛托品及阿托品类解痛剂等,也可用作测定铜和锆的试剂。

本实验将苯甲醛、氯仿和氢氧化钠在同一反应器中进行混合,通过卡宾加成反应直接生成产物,但产物是外消旋体,只有通过拆分才能获得对映异构体。利用季铵盐(氯化苄基三乙基铵)作为相转移催化剂。

反应方程式为

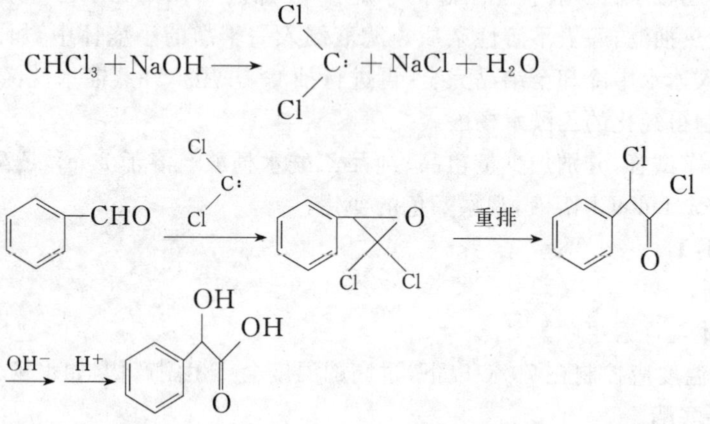
CHCl₃+NaOH
Cl
C:
Cl
+NaCl+H₂O
CHO
O
重排
OH⁻
H⁺
OH

反应中利用季铵盐(氯化苄基三乙基铵)作为相转移催化剂:

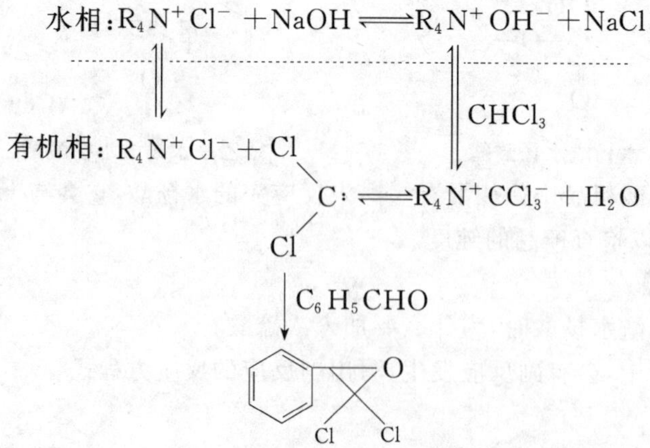
水相:R₄N⁺Cl⁻ +NaOH ⇌ R₄N⁺OH⁻ +NaCl
CHCl₃
有机相:R₄N⁺Cl⁻+
C: ⇌ R₄N⁺CCl₃⁻ +H₂O
C₆H₅CHO
O
Cl

通过一般化学方法合成的苯乙醇酸是外消旋体。由于(±)-苯乙醇酸是酸性物质,故可以用碱性旋光体作拆分剂,一般用(—)-麻黄碱。拆分时,(±)-苯乙醇酸与(—)-麻黄碱反应生成两种非对映异构的盐,进而可以利用其物理性质(如溶解度)的差异对其进行分离。其过程如图3-18-1所示。

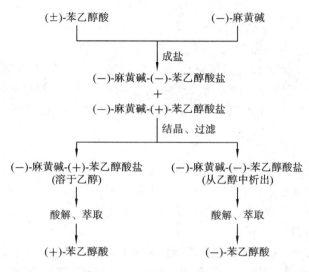

图 3-18-1　苯乙醇酸的拆分

【仪器及药品】

1. 仪器

250 mL 圆底烧瓶、冷凝管、滴液漏斗、100 ℃温度计、减压过滤装置、搅拌器、250 mL 三口烧瓶、50 mL 圆底烧瓶、150 mL 分液漏斗、25 mL 烧瓶等。

2. 药品

氯苄、三乙胺、苯、苯甲醛、氯仿、氢氧化钠、30%氢氧化钠溶液、乙醚、无水硫酸镁、盐酸麻黄碱、无水乙醇、浓盐酸、稀硫酸、甲苯等。

【实验内容】

1. 合成[1]

(1) 在 250 mL 圆底烧瓶中依次加入 3 mL 氯苄、3.5 mL 三乙胺、6 mL 苯和几粒沸石后,加热回流 1.5 h 后冷却至室温,氯化苄基三乙基铵即呈晶体析出,减压过滤后,将晶体放置在干燥器[2]中备用。

(2) 在 250 mL 三口烧瓶上配置搅拌器、冷凝管、滴液漏斗和温度计。依次加入 2.8 mL 苯甲醛、5 mL 氯仿和 0.35 g 氯化苄基三乙基铵,水浴加热并搅拌[3]。当温度升至 56 ℃时,开始自滴液漏斗中滴加 35 mL 30%氢氧化钠溶液,滴加过程中保持反应温度在 60～65 ℃,约 20 min 滴完。然后将反应温度控制在 65～70 ℃,继续搅拌反应 40 min。反应完毕后,用 50 mL 水将反应物稀释并转入 150 mL 分液漏斗中,分别用 9 mL 乙醚连续萃取两次,合并醚层,用硫酸酸化水相至 pH＝2～3,再分别用 9 mL 乙醚连续萃取两次,合并所有醚层并用无水硫酸镁干燥,水浴下蒸除乙醚即得苯乙醇酸粗品。将粗品置于 25 mL 烧瓶中,加入少量甲苯,回流。沸腾后补充甲苯[4]至晶体完全溶解,趁热过滤,静置母液,待晶体析出后过滤得(±)-苯乙醇酸晶体。

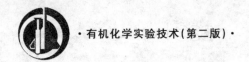

2. 拆分

1) (一)-麻黄碱的制备

称取 4 g 市售盐酸麻黄碱,用 20 mL 水溶解,过滤后在滤液中加入 1 g 氢氧化钠,使溶液呈碱性。然后用乙醚对其萃取三次(3×20 mL),醚层用无水硫酸镁干燥,蒸除溶剂,即得(一)-麻黄碱。

2) 麻黄碱-苯乙醇酸盐的制备

在 50 mL 圆底烧瓶中加入 1.5 g(±)-苯乙醇酸,然后加入 2.5 mL 无水乙醚,使其溶解。再缓慢加入(一)-麻黄碱乙醇溶液(1.5 g 麻黄碱与 10 mL 乙醇配成),在 85～90 ℃ 水浴中回流 1 h。回流结束后,冷却混合物至室温,再用冰浴冷却使晶体析出。析出晶体为(一)-麻黄碱-(一)-苯乙醇酸盐,(一)-麻黄碱-(十)-苯乙醇酸盐仍留在乙醇中,过滤即可将其分离。

3) 对映异构体的制备

(一)-麻黄碱-(一)-苯乙醇酸盐粗品用 2 mL 无水乙醇重结晶,可得白色粒状纯化晶体。将晶体溶于 20 mL 水中,滴加 1 mL 浓盐酸使溶液呈酸性,用 15 mL 乙醚分三次萃取,合并醚层并用无水硫酸镁干燥,蒸除有机溶剂后即得(一)-苯乙醇酸。

4) 除去有机溶剂

(一)-麻黄碱-(十)-苯乙醇酸盐的乙醇溶液加热除去有机溶剂,用 10 mL 水溶解残余物,再滴加浓盐酸 1 mL 使固体全部溶解,用 30 mL 乙醚分三次萃取,合并醚层并用无水硫酸镁干燥,蒸除有机溶剂后即得(十)-苯乙醇酸。

【参考学时】

8 学时。

【主要技术与注意事项】

[1] 本次实验取样及反应都应在通风橱中进行。

[2] 干燥器中应放石蜡以吸收产物中残余的烃类溶剂。

[3] 此反应是两相反应,剧烈搅拌反应混合物,有利于加速反应。

[4] 重结晶时,甲苯的用量为 1.5～2 mL。

【实验思考题】

(1) (±)-苯乙醇酸为什么可以用(一)-麻黄碱来进行拆分?

(2) 以季铵盐为相转移催化剂的催化目的是什么?在此体系(滴加 30% 氢氧化钠溶液)中,若不加季铵盐会产生什么物质?

【附注】

主要试剂及产物的物理常数见表 3-18-1。

表 3-18-1　主要试剂及产物的物理常数

名称	相对分子质量	性状	旋光度	熔点/℃	溶解性		
					水	醇	醚
(±)-苯乙醇酸	152.15	白色固体	—	120～122	溶(热水)	溶	溶
(一)-苯乙醇酸	152.15	白色固体	$[\alpha]_D^{20} = -153°$	131～134	溶	溶	溶
(十)-苯乙醇酸	152.15	白色固体	$[\alpha]_D^{25} = +154°$	133～135	溶	溶	溶

项目十九　乙酰苯胺的制备

【实验目的】

(1) 掌握苯胺酰化反应的原理和实验操作。

(2) 进一步巩固重结晶和减压过滤操作方法。

(3) 熟悉回流操作技术。

【实验原理】

芳香伯胺的氨基是给电子基团,具有还原性,在化学反应中,容易被其他氧化性物质氧化。因此,在有机合成中,为了保护氨基,往往先将氨基乙酰化,然后进行其他反应,最后水解除去乙酰基将氨基还原。

苯胺的乙酰化试剂有醋酸、乙酰氯和乙酸酐。本实验介绍用乙酸酐和苯胺制备乙酰苯胺的方法。

反应方程式如下:

$$\text{C}_6\text{H}_5\text{—NH}_2 + (\text{CH}_3\text{CO})_2\text{O} \longrightarrow \text{C}_6\text{H}_5\text{—NHCOCH}_3 + \text{CH}_3\text{COOH}$$

【仪器及药品】

1. 仪器

回流装置、抽滤装置、250 mL 烧杯等。

2. 药品

苯胺、乙酸酐、冰醋酸、锌粉、活性炭等。

【实验内容】

在 250 mL 圆底烧瓶中加入 10 mL 苯胺[1],再加入 15 mL 乙酸酐、15 mL 冰醋酸及少许锌粉。圆底烧瓶的上方接一冷凝管,在石棉网上加热回流 20 min(图 2-2-5),取下圆底烧瓶,趁热将反应液倒入盛有 100 mL 冰水的烧杯中,充分搅拌,放置,待乙酰苯胺[2]完全析出,减压过滤,得乙酰苯胺粗品。

将粗乙酰苯胺用 150 mL 蒸馏水加热煮沸,待完全溶解(若不能完全溶解,可再加适量的水,再煮沸使其完全溶解)后,停止加热,视粗品的颜色加活性炭(加活性炭前反应液要冷却),搅拌,煮沸脱色,趁热过滤,将滤液自然冷却,待结晶完全,抽滤,结晶用少许冷水洗涤两次,抽干后烘干,得精品乙酰苯胺。

将精品称重,计算产率。

$$产率 = \frac{实际产量}{理论产量} \times 100\%$$

【参考学时】

3 学时。

【主要技术与注意事项】

[1] 苯胺容易氧化,久置颜色会变深。所以苯胺使用前须重新蒸馏。苯胺有毒,操作

时应避免与皮肤接触或吸入其蒸气。

[2] 乙酰苯胺的熔点为114.3 ℃,因此,它的干燥温度一般不超过100 ℃。可在真空干燥器或真空恒温干燥器中进行干燥。

【实验思考题】

(1) 由苯胺与乙酸酐制备乙酰苯胺属于哪一类型的反应?还有哪些物质可以与苯胺发生这种反应?它们有什么优缺点?

(2) 为什么要用新蒸的苯胺做实验?反应器中为什么要加少许锌粉?

项目二十 2,4-二氯苯氧乙酸的制备

【实验目的】

(1) 学习威廉姆逊法合成醚的原理和实验方法。

(2) 掌握搅拌、萃取、重结晶等基本操作。

【实验原理】

2,4-二氯苯氧乙酸(2,4-D)是一种植物生长调节剂,有防止落花落果、促进作物早熟、增产、加速插条生根的功能,还可以作为除草剂。本实验用2,4-二氯苯酚和氯乙酸在碱性溶液中反应,生成2,4-二氯苯氧乙酸钠,再用盐酸酸化得到2,4-二氯苯氧乙酸。

主要反应方程式为

$$Cl-\!\!\!\!\!\!\text{（苯环）}-OH \xrightarrow[\text{NaOH}]{\text{ClCH}_2\text{COOH}} Cl-\!\!\!\!\!\!\text{（苯环）}-OCH_2COONa \xrightarrow{\text{HCl}} Cl-\!\!\!\!\!\!\text{（苯环）}-OCH_2COOH$$

副反应为

$$ClCH_2COOH + NaOH \longrightarrow HOCH_2COONa$$

【仪器及药品】

1. 仪器

回流装置、抽滤装置、磁力搅拌器、电动搅拌器、烧杯等。

2. 药品

氯乙酸、2,4-二氯苯酚、碳酸钠、乙醚、20%盐酸、氢氧化钠、15%氯化钠溶液等。

【实验内容】

在150 mL烧杯中依次加入6.2 g氯乙酸和10 mL 15%氯化钠溶液[1],在搅拌下慢慢加入约4 g碳酸钠,控制反应液温度不超过40 ℃[2]。当溶液的pH值接近7时,改用饱和碳酸钠溶液将反应液pH值调至7~8。

在150 mL三口烧瓶中加入2.6 g氢氧化钠、15 mL蒸馏水和磁力搅拌子。开动磁力搅拌器,待氢氧化钠完全溶解后,再加入9.9 g(0.06 mol)2,4-二氯苯酚,加热至45 ℃,继续搅拌,待2,4-二氯苯酚溶解后,冷却至室温备用。

将上述配好的氯乙酸钠溶液直接加到盛有2,4-二氯苯酚钠溶液的三口烧瓶中,再安装电动搅拌器、温度计和回流冷凝管(图2-2-10)。开动搅拌器,在电热套中加热,保持温度在100~110 ℃,反应4 h[3]。

反应结束后,待反应液稍冷,用 20% 盐酸将反应液 pH 值调至 1～2(约需 11 mL),并搅拌冷却至有晶体析出,抽滤,即得 2,4-二氯苯氧乙酸粗产品。

将 2,4-二氯苯氧乙酸粗产品用 20 mL 20% 碳酸钠溶液溶解后,转入分液漏斗,加入 10 mL 乙醚,振荡后静置分层。除去乙醚层[4],水层用 20% 盐酸酸化至 pH 值为 1～2,静置片刻,冷却结晶。抽滤,晶体用少量冷水洗涤两次,干燥后即得精制产品。

纯 2,4-二氯苯氧乙酸为白色晶体,熔点为 137～138 ℃。难溶于水,溶于乙醚、乙醇、丙酮等有机溶剂。其钠盐和铵盐都易溶于水,其酯类不溶于水。

【参考学时】

8 学时。

【主要技术与注意事项】

[1] 加入食盐水的目的是抑制氯乙酸的水解。

[2] 若温度超过 40 ℃,氯乙酸会发生水解,生成羟基乙酸。

[3] 反应前,反应液的 pH 值为 12,随着反应的不断进行,反应液的 pH 值逐渐降低,直到 pH 值为 7～8,反应即告结束。

[4] 此步骤的目的是使产物溶于水,并让少量未反应的 2,4-二氯苯酚溶于乙醚,然后分离除去。

【实验思考题】

(1) 用碳酸钠中和氯乙酸时,为什么要加入食盐水?

(2) 设计一条以苯为原料,合成 2,4-二氯苯氧乙酸的反应路线。

项目二十一　乙烯的制备

【实验目的】

(1) 了解实验室制备乙烯的原理和方法。

(2) 验证烯烃的性质。

【实验原理】

实验室制取乙烯的反应原理:

$$CH_3CH_2OH \xrightarrow{\text{浓} H_2SO_4, 170\ ℃} CH_2=CH_2 \uparrow + H_2O$$

【仪器与药品】

1. 仪器

圆底烧瓶、水槽、集气瓶、酒精灯等。

2. 试剂

乙醇、浓硫酸、P_2O_5、Br_2/CCl_4 溶液、0.1% $KMnO_4$ 溶液、10% H_2SO_4 溶液、10% NaOH 溶液等。

【实验内容】

1. 乙烯的制备

在蒸馏烧瓶中插入一个漏斗,通过这个漏斗加入 5 mL 95% 乙醇,然后加入 15 mL 浓硫酸(相对密度 1.84),边加边摇[1],加完后放入约 1 g P₂O₅ 粉末[2]和几粒沸石,摇匀,塞上带温度计(200 ℃或 250 ℃)和导气管的软木塞,温度计的水银球应浸入反应液中,蒸馏烧瓶的支管通过橡皮管和玻璃导气管与试剂瓶 B 相连,试剂瓶 B 中液体为 10% NaOH 溶液[3]。

按图 3-21-1 把仪器连接好,检查装置不漏气后加强热,使反应物温度迅速升到 160~170 ℃[4],乙醇便脱水生成乙烯。

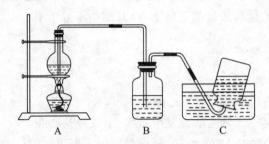

图 3-21-1　乙烯制备装置图

用排水集气法收集乙烯,调节酒精灯,保持此范围的温度和保持乙烯气流均匀产生[5][6]。然后做乙烯性质实验。

2. 乙烯性质的验证

1) 与卤素反应

在盛有 0.5 mL 1%溴的四氯化碳溶液的试管中通入乙烯气体,边通气边振荡试管,观察现象。

2) 氧化

在盛有 0.5 mL 0.1%高锰酸钾溶液及 0.5 mL 10%硫酸的试管中通入乙烯气体,摇动,观察溶液的颜色的变化。

【主要技术与注意事项】

[1]乙醇与浓硫酸作用,首先生成硫酸氢乙酯,反应放热,所以必要时可浸在冰水中冷却片刻。边加边摇可防止乙醇的炭化。

[2]加 P₂O₅ 可吸收反应过程中产生的水分,保证反应能快速平稳地进行,减缓乙醇的炭化和二氧化硫的产生。

[3]用 10% NaOH 溶液的目的是除去浓硫酸和乙醇生成的 CO_2 和 SO_2,防止 SO_2 干扰乙烯与溴的四氯化碳溶液和酸性 $KMnO_4$ 溶液的反应。

[4]硫酸氢乙酯与乙醇在 170 ℃分解生成乙烯,但在 140 ℃时则生成乙醚,故实验中要求强热使温度迅速达到 160 ℃以上,这样便可减少乙醚生成的机会。但乙烯生成的过程中,则不宜加热过度。否则,将会有大量泡沫产生,使实验难以顺利进行。

[5]制备乙烯实验结束后要取出导管再熄灭酒精灯,防止发生倒吸。

[6]制备乙烯实验反应后期反应液有时会变黑,且有刺激性气味的气体产生,原因是浓硫酸将乙醇炭化和氧化了,产生的有刺激性气味的气体是 SO_2。

【参考学时】

2 学时。

【实验思考题】

(1) 制备乙烯实验中,产物乙烯中可能含有什么杂质?

(2) 制备乙烯的实验要注意哪些问题? 如果不迅速升高温度结果如何?

【附注】

乙烯的物理常数见表 3-21-1。

表 3-21-1　乙烯的物理常数

名称	相对分子质量	熔点/℃	沸点/℃	n_D^{20}	密度/(g/L)	溶解性		
						水	醇	醚
乙烯	28	−169	−103.7	1.363	1.256	不溶	难溶	溶

项目二十二　乙醚的制备

【实验目的】

(1) 了解实验室制备乙醚的原理和方法。

(2) 初步掌握低沸点易燃液体的操作要点。

【实验原理】

醚能溶解多数的有机化合物,有些有机反应必须在醚中进行,因此,醚是有机合成中常用的溶剂。

实验室制取乙醚的总反应方程式:

$$2CH_3CH_2OH \xrightarrow{\text{浓}H_2SO_4,140\ ℃} CH_3CH_2OCH_2CH_3 + H_2O$$

【仪器与药品】

1. 仪器

温度计、铁架台、酒精灯、滴液漏斗、三口烧瓶、直形冷凝管、尾接管、锥形瓶、分液漏斗、蒸馏装置等。

2. 试剂

乙醇、浓硫酸、5% NaOH 溶液、饱和 NaCl 溶液、饱和 $CaCl_2$ 溶液、无水 $CaCl_2$ 等。

【实验内容】

1. 乙醚的制备

乙醚的制备装置如图 3-22-1 所示。在干燥的三口烧瓶中加入 12 mL 乙醇,将烧瓶浸入冷水浴中,缓缓加入 12 mL 浓硫酸[1],混合均匀。滴液漏斗中加入 25 mL 95% 乙醇,漏斗末端和温度计的水银球必须浸入液面以下,距离瓶底 0.5~1 cm 处。用作接收器的锥形瓶应浸入冰水浴中冷却,尾接管的支管接上橡皮管通入下水道或室外。

将三口烧瓶放在石棉网上加热,使反应温度迅速升到 140 ℃。开始由滴液漏斗慢慢滴加乙醇。控制滴入速度与馏出速度大致相等(每秒 1 滴)[2]。维持反应温度在 135~145 ℃内,30~45 min 滴完,再继续加热 10 min,直到温度升到 160 ℃,去掉热源,停止反应。

103

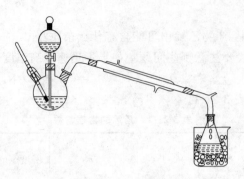

图 3-22-1　乙醚制备装置图

2. 乙醚的精制[3]

将馏出液转至分液漏斗中,依次用 8 mL 5％的 NaOH 溶液和 8 mL 饱和 NaCl 溶液洗涤,最后用 8 mL 饱和 CaCl₂溶液洗涤 2 次。

分出醚层,用无水 CaCl₂干燥(注意容器外仍需用冰水冷却)。当瓶内乙醚澄清时,则将它小心地转入蒸馏烧瓶中,加入沸石,安装蒸馏装置(图 2-2-6),在预热过的热水浴上(60 ℃)蒸馏,收集 33～38 ℃馏出液。

计算产率。

【主要技术与注意事项】

[1]浓硫酸的作用是催化和脱水。

[2]若滴加速度明显超过馏出速度,不仅乙醇未作用已被蒸出,而且会使反应液的温度骤降,减少醚的生成。

[3]使用或精制乙醚的实验台附近严禁火种,所以当反应完成拆下作接收器的锥形瓶之前必须先灭火。同样,精制乙醚的热水浴必须在别处先预热好热水(或使用恒温水浴锅),使其达到所需温度,而绝不能一边用明火加热一边蒸馏。

【参考学时】

2 学时。

【实验思考题】

(1) 制备乙醚实验中,把混在粗制乙醚里的杂质一一除去采用哪些措施?

(2) 反应温度过高或过低对反应有什么影响?

【附注】

乙醚的物理常数见表 3-22-1。

表 3-22-1　乙醚的物理常数

名称	相对分子质量	熔点/℃	沸点/℃	n_D^{20}	d_4^{20}	溶解性		
						水	醇	醚
乙醚	74.12	−116.2	34.5	1.3538	0.715	微溶	溶	溶

项目二十三　二苯亚甲基丙酮的制备

【实验目的】

（1）了解实验室制备 α,β-不饱和羰基化合物的原理（Claisen-Schmidt 缩合反应）。

（2）掌握利用反应物的投料比控制反应产物的实验技术。

（3）学会利用羟醛缩合反应增长碳链的原理和方法，练习搅拌、抽滤、重结晶等基本实验操作技术。

【实验原理】

在稀碱催化下，具有 α-活泼氢的两分子醛酮可以发生分子间缩合反应，生成 β-羟基醛酮（即羟醛酮），若提高反应温度，β-羟基醛酮则脱水生成共轭的 α,β-不饱和醛酮，这种反应叫羟醛缩合反应。这是合成 α,β-不饱和羰基化合物的重要方法，也是有机合成中增长碳链的重要反应。

若选用一种没有 α-活泼氢的芳醛和一种有 α-活泼氢的醛酮进行"交叉"羟醛缩合，则可得到 α,β-不饱和醛酮，这种交叉羟醛缩合反应称为 Claisen-Schmidt 缩合反应。这是合成侧链上含两种官能团的芳香族化合物及含几个苯环的脂肪族化合物中间体的重要途径。

在苯甲醛和丙酮的交叉羟醛缩合反应中，通过改变反应物的投料比可得到两种不同产物：

$$2C_6H_5CHO + (CH_3CO)_2O \xrightarrow[-2H_2O]{OH^-} C_6H_5CH = CH - COCH = CHC_6H_5$$

$$C_6H_5CHO + (CH_3CO)_2O \xrightarrow[-H_2O]{OH^-} C_6H_5CH = CHCOCH_3$$

在本实验中，苯甲醛和丙酮的投料比为 2∶1，即可合成二苯亚甲基丙酮。

【仪器与药品】

1. 仪器

磁力搅拌器、抽滤装置、红外线干燥箱、蒸发皿、球形冷凝管、三口烧瓶、单口圆底烧瓶、熔点测定仪等。

2. 药品

苯甲醛（新蒸）、丙酮、乙醇、氢氧化钠、醋酸等。

【实验内容】

1. 粗品制备

将 2.7 mL（0.025 mol）新蒸苯甲醛[1]、0.9 mL（0.013 mol）丙酮、20 mL 95% 乙醇依次加入 250 mL 三口烧瓶中，装上球形冷凝管，开动磁力搅拌器，在搅拌下，将 25 mL 10% 氢氧化钠溶液从三口烧瓶的侧口加入该烧瓶中。继续搅拌 20 min。可观察到溶液产生少量淡黄色沉淀[2]，然后沉淀慢慢变多，并且黄色加深，渐渐变成橙黄色，最后又变成黄色。

2. 产品精制

1）洗涤

抽滤，用水洗涤固体一次，把水抽干；用 0.5 mL 醋酸和 12.5 mL 95% 乙醇混合液浸泡、洗涤固体,再用水洗涤固体一次,抽干,得粗品。

2)重结晶

将固体粗品转移至单口圆底烧瓶(或磨口锥形瓶)中,装上冷凝管,用无水乙醇重结晶(若颜色不是淡黄色而是棕红色,则需用少量活性炭脱色)。将饱和溶液用冰水冷却至0 ℃,再次抽滤,收集产品,得淡黄色片状晶体[3]。

3)干燥

将产品放在蒸发皿上,置于红外线干燥箱(50～60 ℃)中干燥[4]。测熔点为112～114 ℃;称量,计算产率。

【主要技术与注意事项】

[1] 苯甲醛需要新蒸馏过的,且可以比理论量适当多加一点。

[2] 若颜色不是淡黄色而是棕红色,则需用少量活性炭脱色。

[3] 应熟练掌握重结晶实验技术,才能得到纯净晶体。在产品精制过程中,尽可能除尽氢氧化钠,有利于晶体形成。

[4] 干燥箱中的温度应控制在50～60 ℃,以免产品熔化或分解。

【参考学时】

3学时。

【预习要求】

(1)掌握醛、酮的化学性质,特别是α-活泼氢的酸性——羟醛缩合反应。

(2)巩固搅拌、抽滤、重结晶等基本实验操作技术。

【实验思考题】

(1)在粗品制备过程中,加入乙醇的目的是什么?

(2)Claisen-Schmidt 缩合反应的具体反应机理是什么?

(3)本实验中,如果丙酮过量会有哪些可能的副产物生成? 如果碱的浓度偏高会有什么不好?

项目二十四 β-萘乙醚的制备

【实验目的】

(1)了解威廉姆逊合成法制备混合醚的原理。

(2)掌握威廉姆逊合成法制备 β-萘乙醚的原理和方法。

(3)学会普通回流装置的安装与操作方法,练习回流、蒸馏、重结晶等基本操作和实验技能。

【实验原理】

β-萘乙醚,又称橙花醚或2-乙氧基萘,是一种合成香料添加剂,其稀溶液具有类似橙花和洋槐花的香味,广泛用作香皂的香料,或作为其他香料的定香剂。

威廉姆逊(Williamson)合成法,是制备混合醚的一种简便方法,是用卤代烃与醇钠或酚钠作用而得。本实验由 β-萘酚和溴乙烷进行威廉姆逊反应制备 β-萘乙醚,其反应是按SN2 机理进行的。反应方程式为

$$\beta\text{-萘酚} + \text{NaOH} \longrightarrow \beta\text{-萘酚钠} + H_2O$$

$$\beta\text{-萘酚钠} + BrCH_3CH_3 \longrightarrow \beta\text{-萘乙醚} + NaBr$$

【仪器与药品】

1. 仪器

磁力搅拌器、抽滤装置、球形冷凝管、圆底烧瓶、表面皿等。

2. 药品

β-萘酚、溴乙烷、氢氧化钠(研细)、乙醇、活性炭等。

【实验内容】

1. 粗品制备

将 6.2 g(0.043 mol)β-萘酚、30 mL 无水乙醇、1.8 g(0.045 mol)氢氧化钠依次加入干燥的 100 mL 圆底烧瓶中,开动磁力搅拌器,在搅拌下,将 3.2 mL(0.043 mol)溴乙烷[1]加入该烧瓶中,装上回流冷凝管[2],水浴加热[3]回流 1~1.5 h。

2. 产品精制

1)分离

等反应混合物稍冷,将回流装置改为蒸馏装置,蒸出大部分乙醇。在玻璃棒搅拌下,将反应混合物倒入盛有 200 mL 冷水的烧杯中,用冰水冷却[4],等析出固体后抽滤,各用 10 mL 冷水洗涤固体两次,抽干,得粗品。

2)重结晶

将固体粗品转移至 100 mL 单口圆底烧瓶(或磨口锥形瓶)中,装上冷凝管,用 20 mL 95%乙醇重结晶。若颜色较深,则需用少量(约 0.5 g)活性炭脱色。当晶体完全析出后抽滤,收集产品,得白色片状晶体。

3)干燥

将产品放在表面皿上,自然晾干。测熔点(36.5~38.5 ℃)。称量,计算产率。

【主要技术与注意事项】

[1]溴乙烷和β-萘酚都是有毒物品,应避免吸入其蒸气或直接与皮肤接触。

[2]重结晶加热回流时,乙醇易挥发,所以应装上回流冷凝管。

[3]加热时,水浴温度不宜太高,以保持反应液微沸即可,否则溴乙烷可能逸出。

[4]析出结晶时,要充分冷却,使结晶完全析出,减少产品损失。

【参考学时】

3 学时。

【预习要求】

(1)掌握醇、酚、醚的化学性质,尤其是醇钠、酚钠的亲核特性,掌握威廉姆逊合成法制备 β-萘乙醚的原理。

(2)复习回流、蒸馏、搅拌、抽滤、重结晶等基本实验操作技术。

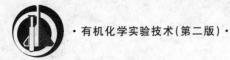

【实验思考题】

(1) 可否用乙醇和 β-溴萘制备 β-萘乙醚？为什么？

(2) 反应结束后,为什么要把大部分乙醇蒸出？

(3) 本实验中,为什么要用水浴加热而不能直接用电热套加热？

【附注】

主要试剂及产物的物理常数见表 3-24-1。

表 3-24-1　主要试剂及产物的物理常数

名称	相对分子质量	性状	n_D^{20}	d_4^{20}	熔点/℃	沸点/℃	溶解性		
							水	醇	醚
β-萘酚	144	无色晶体	—	1.28	123	285	微溶	溶	溶
溴乙烷	109	无色液体	1.42	1.46	−118.6	38.4	微溶	混溶	混溶
β-萘乙醚	172	白色片状晶体	1.59	1.06	37.5	282	不溶	溶	溶

模块四

有机化合物的性质实验

项目一 有机化合物元素定性分析

【实验目的】

(1) 理解有机化合物元素定性分析的原理和意义。

(2) 掌握有机化合物中常见元素定性分析的基本操作技能。

(3) 学会有机化合物中常见元素定性分析的方法。

【仪器及药品】

1. 仪器

干燥硬质小试管、小烧杯、镊子、小刀、玻璃漏斗、漏斗架、酒精灯、小铜丝圈等。

2. 药品

金属钠、10％醋酸、10％盐酸、10％硝酸、3 mol/L 硫酸、浓硫酸、10％氢氧化钠溶液、2％醋酸铅溶液、5％硝酸银溶液、5％硫酸亚铁溶液、0.5％亚硝酰铁氰化钠溶液、5％三氯化铁溶液、新配制氯水、四氯化碳等。

【实验内容】

1. 钠熔法——样品溶液的制备

取干燥的硬质小试管一支,加入一粒绿豆大小的金属钠[1],用小火加热至钠熔化而且有白色蒸气上升至 0.5 cm 高度时,迅速加入 3 滴液体样品或 10～20 mg 固体样品,加入时应使它直落管底,勿使样品沾在试管壁上,此时样品与金属钠发生激烈的化学作用,冒出大量的烟,甚至放出火花(并无危险)。等反应稍缓后,继续用小火加热,至试管内物质炭化,再用强火加热至试管底部发红,趁热将试管底部浸入盛有约 10 mL 蒸馏水的小烧杯内,试管底当即破裂。如不破裂,可稍稍用力将试管底部压碎,用玻璃棒捣碎大块残渣,加热至沸,过滤,滤渣用蒸馏水洗涤 2 次,共得无色或淡黄色的清亮滤液[2]约 20 mL,留作以下元素定性分析用。

2. 元素的鉴定

1) 硫的鉴定

可用两种方法鉴定硫的存在。

（1）硫化铅实验。取 1 mL 滤液,加 10％醋酸使其呈酸性,然后加 3 滴 2％醋酸铅溶液。如有黑褐色沉淀,表明有硫存在;若有白色或灰色沉淀生成,是碱式醋酸铅,表明酸化不够,须再加入醋酸后观察。反应方程式如下:

$$Na_2S + Pb(Ac)_2 \longrightarrow PbS\downarrow + 2NaAc$$

（2）亚硝酰铁氰化钠实验。取 1 mL 滤液,加入 2～3 滴新配制的 0.5％亚硝酰铁氰化钠溶液(或使用前临时取一小粒亚硝酰铁氰化钠溶于数滴水中),如呈紫红色或深红色表明有硫存在。

反应方程式如下:

$$Na_2S + Na_2[Fe(CN)_5NO] \longrightarrow Na_4[Fe(CN)_5NOS]$$

2）氮的鉴定

样品中若有氮,则样品溶液中含有 NaCN,它可以通过一系列反应生成蓝色普鲁士蓝沉淀。

取 2 mL 滤液,加入 4～5 滴 10％氢氧化钠溶液(调节溶液的 pH 值等于 13),加入 5 滴新鲜配制的 5％硫酸亚铁溶液,摇匀并加热至沸 1～2 min。溶液中如含有硫,则有黑色硫化亚铁沉淀析出(不必过滤)。冷却后加入 3 mol/L 硫酸 1 滴,使产生的硫化亚铁、氢氧化亚铁的沉淀刚好溶解(勿加入过量的硫酸),如有蓝色沉淀或溶液呈蓝色,都表明有氮存在。若样品分解不完全,CN⁻太少,则溶液仅显浅蓝色或绿色,本实验反应方程式如下:

$$2NaCN + FeSO_4 \longrightarrow Fe(CN)_2 + Na_2SO_4$$

$$Fe(CN)_2 + 4NaCN \longrightarrow Na_4[Fe(CN)_6]$$

$$3Na_4[Fe(CN)_6] + 2Fe_2(SO_4)_3 \xrightarrow{H^+} Fe_4[Fe(CN)_6]_3\downarrow + 6Na_2SO_4$$

普鲁士蓝

3）硫和氮同时鉴定

取 1 mL 滤液用稀盐酸酸化,再加 1 滴 5％三氯化铁溶液,若有血红色显现,即表明有硫氰离子(SCN⁻)存在。反应方程式如下:

$$3NaSCN + FeCl_3 \longrightarrow Fe(SCN)_3 + 3NaCl$$

有时检验硫和氮都得到阳性结果,而本实验却为阴性,这是因为 NaSCN 被过量的金属钠分解为 Na₂S 和 NaCN。反之,在金属钠较少时,容易产生 NaSCN,因此在分别鉴定硫和氮时,若得到阴性结果,则必须做本实验。

4）卤素的鉴定

（1）卤化银实验。取 0.5 mL 滤液,加稀硝酸使其呈酸性,加热微沸几分钟以除去可能存在的 HCN 和 H₂S(若氮、硫不存在,可不必加热)。放冷,加 5％硝酸银溶液 5 滴,如有大量白色或黄色沉淀析出,表明有卤素存在,若仅仅出现混浊,可能是试剂含有杂质的缘故。

$$NaX + AgNO_3 \longrightarrow AgX\downarrow + NaNO_3$$

滤液中硫化物与氰化物若不先除去,后来加硝酸银析出沉淀时,难以判断是否是卤化银,因为 Ag₂S 沉淀呈灰黑色,AgCN 沉淀为白色。

（2）焰色反应(Beilstein 法)。把铜丝一端弯成圆圈形,先在火焰上灼烧,直至火焰不显绿色为止,冷却后,在铜丝圈上沾少量样品,放在火焰边缘上灼烧,若有绿色火焰出现,证明可能有卤素存在。

此法的原理是铜与卤素加热生成铜盐,铜盐在高温时易挥发,其蒸气可使火焰呈美丽的绿色,但此法太灵敏,极少量的不洁物就可能造成错误的判断。

以上两种方法仅表明样品含有卤素,究竟是哪种卤素,还需要进一步鉴定。

5)氯、溴、碘的分别鉴定

(1)溴和碘的鉴定。取 2 mL 滤液,加稀硝酸使其呈酸性,加热煮沸数分钟(在通风橱中进行,如不含硫、氮,则可免去此步)。冷却后加入 0.5 mL 四氯化碳溶液,逐渐加入新配制的氯水。每次加入氯水后要摇动,若有碘存在,则四氯化碳层呈现紫色。继续滴加氯水[3],如含有溴,则紫色渐褪而转变为黄色或橙黄色。反应方程式如下:

$$HClO+H^++2I^- \longrightarrow I_2 \; (CCl_4)+Cl^-+H_2O$$
紫色

$$I_2 \; (CCl_4)+5ClO^-+H_2O \longrightarrow 2IO_3^-+2H^++5Cl^-$$
紫色   无色

$$2Br^-+ClO^-+2H^+ \longrightarrow Br_2 \; (CCl_4)+H_2O+Cl^-$$
橙黄色

(2)氯的鉴定。在上述滤液中,加入 2 mL 浓硫酸及 0.5 g 过硫酸钠煮沸数分钟,把 $NaBr$ 或 NaI 氧化成溴或碘,再用 CCl_4 萃取,将溴和碘全部除去,然后取清液用硝酸银检验氯离子。

【主要技术与注意事项】

[1]用钳子夹出浸在煤油中的金属钠,用滤纸拭去表面的煤油,切去黄色外皮使呈金属光泽后使用。要注意钠屑不能丢在桌面或随意丢入水槽或废物缸中,应放到回收瓶中。

[2]滤液若混浊,表示样品分解不彻底,其原因为钠的用量不够,或样品太多,或因样品黏附在试管上而未完全作用。

[3]当溴、碘同时存在,且碘含量较多时,常使溴不易检出。此时可用滴管吸去含碘的四氯化碳溶液,再加入纯净的四氯化碳振荡,如仍有碘的紫色,再吸去,直至碘完全被萃取尽,然后加纯净的四氯化碳数滴,并逐渐滴加氯水,如四氯化碳层变成黄色或红棕色,表明有溴。

【参考学时】

4 学时。

【预习要求】

元素定性分析的目的在于鉴定某一有机化合物由哪些元素组成,在此基础上进行元素定量分析或官能团鉴别实验。一般有机化合物中常见的元素有碳、氢、氧、氮、硫、卤素等,有的也含有少量其他元素,如砷、硅、磷、镁等。

由于组成有机化合物的原子以共价键相结合,不能用无机定性的方法对元素进行直接测定,为此需要将样品分解,使其转变成无机离子型化合物,再利用无机定性分析进行鉴定。分解样品的方法很多,最常用的方法是钠熔法,即将有机物与金属钠混合共熔,结果有机物中的氮、硫、卤素等元素转变为氰化钠、硫化钠、硫氰化钠、卤化钠等可溶于水的

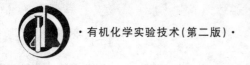

无机化合物。

$$有机物(含 C、H、O、N、S、X) \xrightarrow{钠熔法} Na_2S、NaCN、NaSCN、NaX、NaOH$$

一般有机化合物都含有碳和氢,因此已知分析的样品是有机化合物后,就不必鉴定其中是否含碳和氢。对于化合物中氧的鉴定,还没有很好的方法,通常只通过官能团鉴定反应或根据定量分析结果来判断其是否存在。

【实验思考题】

(1)钠熔法的作用何在?使用和保存金属钠时应注意什么?

(2)无机定性分析与有机定性分析有什么不同?

(3)怎样检验某有机物中是否含有氯、溴和碘?

项目二 烃及卤代烃的性质

【实验目的】

(1)理解烷烃、烯烃、炔烃、芳香烃以及卤代烃的主要化学性质。

(2)掌握试管反应的基本操作。

(3)学会饱和烃、非饱和烃及不同类型卤代烯烃的化学鉴别方法。

【仪器及药品】

1. 仪器

烧杯、酒精灯、干燥小试管、干燥大试管、软木塞、蒸发皿、恒温水浴锅等。

2. 药品

液体石蜡、松节油、汽油、苯、甲苯、氯苯、1-氯丁烷、苄氯、正氯丁烷、正溴丁烷、正碘丁烷、碳化钙、饱和食盐水、0.5%高锰酸钾溶液、3%溴的四氯化碳溶液、3 mol/L 硫酸、5%硝酸、浓硫酸、稀硝酸、浓硝酸、5%氢氧化钠溶液、稀氨水、5%硝酸银溶液、2%氯化亚铜的氨溶液、1%硝酸银的乙醇溶液、2%硝酸银的乙醇溶液等。

【实验内容】

1. 烷烃的性质

1)与高锰酸钾反应

在一支试管中加入液体石蜡 1 mL 和 0.5%高锰酸钾溶液 10 滴,3 mol/L 硫酸 2 滴,摇匀,观察溶液颜色是否褪去,记下结果,并加以解释。

2)与溴反应

取干燥小试管 2 支,各加入液体石蜡 10 滴和 3%溴的四氯化碳溶液 5 滴,将其中一管放入柜内暗处,另一管放在日光下,经 10~20 min 后,将两管比较,记录溴的颜色是否褪去或变浅,并加以解释[1]。

2. 烯烃的性质

1)与高锰酸钾反应

在一支试管中加入松节油(主要成分是不饱和环状烯烃 α-蒎烯和 β-蒎烯,可作为烯烃的代表来检验烯烃的性质)10 滴,0.5%高锰酸钾溶液 10 滴,3 mol/L 硫酸 5 滴,摇匀,观察颜色变化,并与液体石蜡比较。

2）与溴反应

在试管中加入松节油 10 滴,然后逐滴加入 3％溴的四氯化碳溶液,一边滴加一边振摇,并观察现象。

3．炔烃的性质

1）与高锰酸钾反应

将乙炔[2]通入预先盛有 1.5 mL 0.5％高锰酸钾溶液的试管中,观察反应现象。

2）与溴反应

将乙炔通入预先盛有 1.5 mL 3％溴的四氯化碳溶液的试管中,观察有什么现象发生。

3）与硝酸银的氨溶液的反应

将乙炔通入盛有 1 mL 硝酸银的氨溶液的试管中[3],观察有什么现象发生。用玻璃棒蘸取少量固体生成物放在干滤纸上,在石棉网上用酒精灯小心加热[4],观察有什么现象发生。

4）与氯化亚铜的氨溶液的反应

将乙炔通入盛有 1 mL 氯化亚铜的氨溶液的试管中,观察发生的现象。

4．芳香烃的性质

1）苯的硝化反应

取干燥大试管一支,加入 1 mL 浓硫酸,慢慢滴入 1 mL 浓硝酸,边加边振摇,边用冷水冷却,然后取 1 mL 苯,慢慢滴入此混合酸中,每加 2～3 滴即加以振荡,当放热太多温度升高(烫手)时,用冷水冷却试管[5],待苯全部加完后,再继续振荡 5 min,然后把试管内容物倒入盛有 20 mL 普通水的小烧杯中,观察现象,并小心嗅其气味[6]。

2）磺化

在一支干燥的大试管中加入甲苯 10 滴,然后小心滴入浓硫酸 1 mL,这时,管内液体分成两层,小心摇匀后,将试管放入沸水浴中加热,并不时取出摇匀试管内的溶液,甲苯与浓硫酸不分层而成均一状态时,表示反应已完成。取出试管,用水冷却,将管内的反应液倒进一盛有 15 mL 水的小烧杯中,观察生成物能否溶于水(如反应不完全,剩余的甲苯不溶于水)。

3）芳香烃氧化反应的比较

在两支小试管中分别加入 0.5％高锰酸钾溶液 10 滴,3 mol/L 硫酸 10 滴,振摇使它们充分混合,然后各加苯、甲苯 10 滴,将试管在水浴中加热,振摇 5 min 后,静置,观察现象,并说明原因。

5．卤代烃活性比较

（1）取三支试管,分别加入 4 滴氯苯、4 滴 1-氯丁烷、4 滴苄氯,然后每支试管加入 10 滴 2％硝酸银的乙醇溶液,观察有无混浊出现及出现混浊的先后次序。若无沉淀,可于 70 ℃热水浴中加热 5 min,观察有无沉淀生成。有沉淀生成时,加入 2 滴 5％硝酸,观察沉淀是否溶解。沉淀不溶者视为正反应;若加热后只稍微出现混浊,而无沉淀,加 5％硝酸又发生溶解,则视为负反应。根据生成卤化银沉淀的速度将卤代烃的反应活性进行排

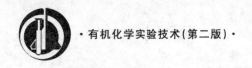

序,并解释原因。

（2）另在三支干燥的试管中分别加入正氯丁烷、正溴丁烷、正碘丁烷各 2～3 滴,然后在每支试管中加入 1‰硝酸银的乙醇溶液 1 mL,重复上述实验,并比较实验结果。

【主要技术与注意事项】

[1] 若光线不够强,可放置更长时间再观察。

[2] 乙炔的制备方法:取一支带导管的干燥试管,试管配上带有滴管的塞子。在滴管内装入适量饱和食盐水。在试管内放入 2～3 g 碳化钙,盖紧塞子,再慢慢滴入少许饱和食盐水,则水与管中碳化钙作用,生成的乙炔即由导管引出,若停止滴加,则反应会逐渐停止（水与碳化钙作用生成乙炔的反应很剧烈,改用饱和食盐水后,可有效地减缓反应,平稳而均匀地产生乙炔气流）。

[3] 通入乙炔,立即生成白色炔化银沉淀,但因乙炔中夹杂的硫化氢、砷化氢等不易除尽,常夹有黑色及黄色沉淀,使沉淀呈灰白色或黄色。另外,通乙炔至有沉淀明显生成时,应立即停止通气,否则将生成大量的炔化银,处理不便。

[4] 干燥的炔化银、炔化铜均有高度的爆炸性。为避免爆炸的危险,实验完毕,金属炔化物沉淀中应加入稀硝酸立即销毁,不得随便弃置。

[5] 硝化反应时,若温度超过 60 ℃,硝酸将分解,部分苯会挥发逸去。

[6] 硝基苯为淡黄色油状液体,有苦杏仁味,有毒,不可久嗅。实验完毕,应将硝基苯倒入指定的回收瓶中。

【参考学时】

6 学时。

【预习要求】

烷烃是饱和碳氢化合物,饱和链状烃分子的各原子彼此以牢固的 σ 键结合,一般情况下性质很稳定,与强酸、强碱、强氧化剂不起作用,只有在特殊条件下才可发生取代反应等。

烯烃、炔烃属于不饱和烃,不饱和烃分子中含有碳碳不饱和键,性质活泼,能与卤素等亲电试剂发生亲电加成反应,也易被氧化剂（如 $KMnO_4$ 等）氧化。炔烃的加成反应是分两步进行的。碳碳三键上含有氢的炔烃能生成金属炔化物,可用此反应把三键上含有氢的炔烃与其他炔烃和烯烃区别开来。

芳香烃的化学性质与饱和烃及不饱和烃均不相同,它具有芳香性,通常情况下不易氧化,不易加成,不易开环,而易发生亲电取代反应。

苯环很难被氧化,但苯环上连有的侧链则易被氧化,因此苯的同系物（如甲苯、乙苯等）比苯易被氧化,在高锰酸钾（酸性条件下）或重铬酸钾等强氧化剂作用下都生成苯甲酸。

卤代烃的官能团是卤原子。卤代烃易发生亲核取代反应,如与 $AgNO_3$ 的醇溶液作用生成硝酸酯。卤代烯烃因结构不同,卤原子活性大小不同,与 $AgNO_3$ 的醇溶液反应,烯丙基型反应很快,一般型卤代烃次之,而卤乙烯型很难反应。

【实验思考题】

（1）烷烃的卤代反应为什么不用溴水,而用溴的四氯化碳溶液?

（2）具有什么结构的炔烃能生成金属炔化物？

（3）比较甲烷、乙烯、乙炔的结构特征及化学性质。

（4）如何用化学方法鉴别液体石蜡、环己烯和苯乙炔？

（5）芳环上和芳烃侧链上均可发生卤代反应，它们的反应机理是否一样？

（6）决定卤代烃脱卤快慢的关键因素是什么？

项目三　醇、酚、醚的化学性质

【实验目的】

（1）理解醇、酚、醚的化学性质。

（2）掌握苯酚、乙醚纯度的检验方法。

（3）学会比较醇和酚之间化学性质的差异，加深对分子中原子之间相互影响的理解。

【仪器及药品】

1. 仪器

镊子、小刀、试管、酒精灯等。

2. 药品

无水乙醇、异戊醇、甘油、乙二醇、异丙醇、叔丁醇、正丁醇、仲丁醇、苯酚（固）、金属钠、乙醚（未纯化）、纯乙醚、饱和溴水、卢卡斯试剂、酚酞溶液、0.5%KMnO$_4$溶液、0.5% NaOH溶液、2%CuSO$_4$溶液、3 mol/L硫酸溶液、5% NaHCO$_3$溶液、1%苯酚溶液、1% α-萘酚溶液、1%间苯二酚溶液、1%FeCl$_3$溶液、1%碘化钾溶液等。

【实验内容】

1. 醇的性质

1）醇的溶解度

取4支试管，分别加入6滴乙醇、异戊醇、甘油、乙二醇，并分别沿管壁加入25滴水，然后振荡各试管，静置。观察有何现象发生，并解释原因。

2）醇的氧化

取3支试管，各加入0.5%KMnO$_4$溶液3滴、5%NaOH溶液1滴，然后在此3支试管中，分别依次加入2滴乙醇、异丙醇、叔丁醇。将混合溶液摇匀，观察各试管颜色有何变化。

3）卢卡斯实验[1]

在3支干燥的试管中各加入20滴卢卡斯试剂，然后在各试管中分别加入3～5滴正丁醇、仲丁醇、叔丁醇，振荡。记录各管出现混浊或分层的时间。

4）多元醇的酸性

取2支试管，各加入2% CuSO$_4$溶液6滴及5% NaOH溶液8滴，使氢氧化铜完全沉淀，在振荡下分别加入2滴甘油和95%乙醇溶液，观察结果，并加以比较。

5）醇的生成

在1支干燥试管中加入1 mL无水乙醇，并投入一小块（绿豆大小）刚刚切开的金属钠，观察有什么现象发生。待金属钠完全消失后（一定要完全消失），往试管中加入2 mL水，并滴入1滴酚酞溶液，观察有什么现象发生，并解释原因。

2. 酚的性质

1）苯酚的酸性

取固体苯酚[2]少许（约0.6 g）于试管中，加水4 mL，振摇使其呈乳浊状（说明苯酚难溶于水），将乳浊液分为两份。在第一份中逐滴加入5% NaOH溶液至溶液澄清为止（此时生成何物？），然后在此澄清溶液中逐滴加入3 mol/L硫酸溶液至溶液呈酸性，观察有何变化。

在第二份乳浊液中加入5% NaHCO₃溶液，观察溶液是否澄清，并解释原因。

2）溴代反应

取1%苯酚溶液4滴于1支试管中，慢慢加入饱和溴水6滴，并不断振荡，观察有何现象发生。

3）与FeCl₃的反应[3]

取试管4支，分别加入1%苯酚溶液、1% α-萘酚溶液、1%间苯二酚溶液、1%乙醇溶液各5滴，然后于每支试管中加入1% FeCl₃溶液1滴，观察所呈现的颜色。

3. 乙醚纯度的检验

取试管2支，各加入2滴3 mol/L硫酸溶液、20滴1%碘化钾溶液，然后在其中一支试管中加入纯乙醚20滴，另一支试管中加入未纯化乙醚20滴，用力振摇，有过氧化物存在的乙醚层很快变为黄色或棕黄色，表示有碘游离出来。

【主要技术与注意事项】

［1］卢卡斯实验适用于含3～6个碳原子的醇，因为少于或等于6个碳原子的醇都能溶于盐酸-氯化锌溶液中，而多于6个碳原子的醇则不溶，故不能借此检验。而含有1～2个碳原子的醇，由于产物的挥发性，此法也不适合。

［2］苯酚对皮肤有很强的腐蚀性，使用时切勿与皮肤接触，万一碰到皮肤可用水冲洗，再用酒精棉球擦洗。

［3］三氯化铁实验为酚类与烯醇类化合物的特性反应，但也有些酚类并不产生颜色，故阴性反应并不能证明无酚基存在。

【参考学时】

3学时。

【预习要求】

低级醇易溶于水，随着烃基的增大，水溶性逐渐降低。多元醇由于分子中羟基增多，水溶性增大，而且由于羟基间的相互影响，羟基中氢具有一定程度的酸性，可与某些金属氢氧化物发生类似中和作用的反应，生成类似盐类的产物。

醇中羟基的构造与水相似，羟基中的氢原子不能游离，但易被活泼金属取代。

伯醇能被氧化生成醛，仲醇能被氧化生成酮，它们进一步氧化则可生成羧酸。叔醇不易被氧化。

酚的羟基由于与苯环直接相连，形成p-π共轭体系，使羟基中氢氧键的极性增大，酚羟基中氢原子易电离为氢离子，因此酚具有弱酸性；又由于p-π共轭效应的影响，苯环上处于羟基邻位或对位上的氢更加活泼，容易被取代。酚很容易被氧化。

醚在一般情况下是比较稳定的，但它也可以发生一些特有的反应。如醚能溶于强酸中而生成盐;醚与空气长久接触,易氧化生成过氧化醚。

乙醚是最常用的醚,易挥发,易燃烧。过氧化乙醚在受热或受到冲击时,非常容易爆炸,因此在蒸馏乙醚时不能蒸干,以防止发生意外。

【实验思考题】

(1)伯醇、仲醇、叔醇与卢卡斯试剂的反应有什么差异?对于 6 个碳以上的伯醇、仲醇、叔醇是否都能用卢卡斯试剂进行鉴别?

(2)与氢氧化铜反应产生绛蓝色是邻羟基多元醇的特征反应,此外,还有什么试剂能起类似的作用?

(3)苯酚为什么比苯易于发生亲电取代反应?

(4)怎样检验乙醚的纯度?在蒸馏乙醚时,应注意什么问题?

项目四　醛和酮的性质

【实验目的】

(1)理解醛和酮的主要化学性质。

(2)掌握醛和酮的鉴别技能。

(3)学会醛和酮的鉴别方法。

【仪器及药品】

1. 仪器

试管、烧杯、酒精灯、试管夹、石棉网等。

2. 药品

乙醛、苯甲醛、丙酮、苯乙酮、乙醇、异丙醇、40％甲醛溶液、5％氢氧化钠溶液、2％硝酸银溶液、2％氨水、饱和亚硫酸氢钠溶液、2,4-二硝基苯肼试剂、碘试剂、希夫试剂(品红亚硫酸试剂)、费林试剂Ⅰ和费林试剂Ⅱ、浓硫酸等。

【实验内容】

1. 与 2,4-二硝基苯肼[1] 反应

在 3 支试管中,分别加入 2 滴乙醛、苯甲醛、丙酮和 10 滴 2,4-二硝基苯肼试剂,充分振摇后,静置片刻,观察和记录反应现象并解释之。若无沉淀析出,可微热 1 min,冷却后再观察。有时为油状物,可加 1～2 滴乙醇,振摇促使沉淀生成。

2. 与亚硫酸氢钠反应[2]

在 3 支干燥的试管中,分别加入 1 mL 新配制的饱和亚硫酸氢钠溶液和 5 滴苯甲醛、苯乙酮、丙酮,边加边用力振摇,观察和记录反应现象并解释之。如无晶体析出,可用玻璃棒摩擦试管壁或将试管浸入冰水中冷却后再观察。

3. 碘仿反应[3]

在 5 支试管中各加入 1 mL 水和 10 滴碘试液,再分别加入 5 滴乙醛、丙酮、苯乙酮、乙醇、异丙醇,边摇边逐滴加入 5％氢氧化钠溶液至碘色恰好褪去,观察和记录反应现象并解释之。若无沉淀析出,可在温水浴中温热数分钟,冷却后再观察。

4. 与托伦试剂反应[4]

在 3 支洁净的试管中各加入 10 滴 2％硝酸银溶液和 2 滴 5％氢氧化钠溶液,边摇边逐滴加入 2％氨水至产生的沉淀恰好溶解为止。再分别加入 5 滴 40％甲醛溶液、乙醛、丙酮,摇匀后,在 50～60 ℃水浴中加热数分钟,观察和记录反应现象并解释之。

5. 与费林(Fehling)试剂反应[5]

在 4 支试管中,各加入费林试剂Ⅰ和费林试剂Ⅱ各 10 滴,再分别加入 3 滴 40％甲醛溶液、苯甲醛、丙酮、乙醛,摇匀后,在沸水浴中加热数分钟,观察和记录反应现象并解释之。

6. 与希夫(Schiff)试剂反应[6]

在 4 支试管中,分别加入 10 滴希夫试剂和 3 滴 40％甲醛溶液、乙醛、丙酮、苯甲醛,摇匀后,在显色的试管中,边摇边逐滴加入浓硫酸,观察和记录反应现象并解释之。

【主要技术与注意事项】

[1] 2,4-二硝基苯肼试剂的配制:将 3 g 2,4-二硝基苯肼溶于 15 mL 浓硫酸,将此酸性溶液慢慢加入 70 mL 95％乙醇中,再用蒸馏水稀释到 100 mL,过滤。滤液保存于棕色试剂瓶中。

[2] 低相对分子质量羰基化合物与亚硫酸氢钠的加成产物能溶于稀酸中,不易得到结晶。由于芳香族甲基酮的空间位阻较大,与亚硫酸氢钠作用非常慢或不起作用。

[3] 滴加碱后溶液必须呈淡黄色,因有微量碘存在,若已呈无色可返滴碘试液;醛和酮不宜过量,否则会使碘仿溶解;碱若过量,会使碘仿分解。

[4] 易被氧化的糖类及其他还原性物质均可与托伦试剂作用。试管必须十分洁净,否则不能生成银镜,仅出现黑色絮状沉淀。反应时必须水浴加热,否则会生成具有爆炸性的雷酸银(AgONC)。实验完毕,试管用稀硝酸洗涤。

[5] 脂肪醛、α-羟基酮(如还原糖)、多元酚等均可与费林试剂反应。芳香醛、酮类则不反应。反应结果取决于还原剂(如醛)浓度的大小及加热时间的长短,可能析出 Cu_2O(红色)、CuOH(黄色)或 Cu(暗红色)。因此,有时反应液的颜色先为绿色(由淡蓝色的氢氧化铜与黄色的氢氧化亚铜混合所致),后转变为黄色,最终为红色沉淀。甲醛还可以将氧化亚铜还原为暗红色的金属铜。

[6] 某些酮和不饱和化合物及易吸附 SO_2 的物质能使希夫试剂恢复品红原有的桃红色,不应作为阳性反应。反应时,不能加热,溶液中不能含有碱性物质和氧化剂,否则 SO_2 逸去,使试剂变回原来品红的颜色,干扰鉴别。故宜在冷溶液及酸性条件下进行。

【参考学时】

2 学时。

【预习要求】

醛和酮分子中都含有羰基,因而具有许多相似的化学性质。如羰基上的加成和还原反应及 α-活泼氢的卤代反应等。由于羰基所连的基团不同,又使醛和酮具有不同的性质,如醛能被弱氧化剂托伦试剂和费林试剂氧化,能与希夫试剂产生颜色反应等,而酮则不能,借此可区别醛与酮。甲醛与希夫试剂所产生的颜色加硫酸后不消失,而其他醛所产生的颜色加硫酸后则褪去,因此该试剂也可将甲醛与其他醛区分开。乙醛、甲基酮

(CH_3COR)、乙醇及具有 $CH_3CH(OH)R$ 结构的醇均可发生碘仿反应。

【实验思考题】

(1) 哪些试剂可用以区别醛类和酮类？

(2) 试述碘仿反应应用的范围。下列化合物可否发生碘仿反应？

① $C_6H_5COCH_2CH_3$。

② $CH_3CH(OH)CH_2CH_3$。

③ CH_3CH_2CHO。

④ CH_3CH_2OH。

(3) 用简单的化学方法鉴别下列化合物：苯甲醛、甲醛、乙醛、丙酮、异丙醇。

项目五　羧酸及其衍生物的性质

【实验目的】

(1) 理解羧酸及其衍生物的主要化学性质。

(2) 掌握羧酸及其衍生物的鉴别技能。

(3) 学会羧酸及其衍生物的鉴别方法。

【仪器及药品】

1. 仪器

试管、烧杯、酒精灯、试管夹、带软木塞的导管、pH 试纸、红色石蕊试纸等。

2. 药品

冰醋酸、草酸、苯甲酸、异戊醇、水杨酸、乙酰氯、乙酸酐、乙酸乙酯、正丁醇、乙酰胺、无水乙醇、10％甲酸、10％醋酸、10％草酸、10％苯酚溶液、5％碳酸钠溶液、5％氢氧化钠溶液、10％氢氧化钠溶液、5％盐酸、浓硫酸、饱和石灰水、10％氢氧化钾的乙醇溶液、2％硝酸银溶液、3 mol/L 硫酸、饱和碳酸钠溶液、托伦试剂、0.05％高锰酸钾溶液等。

【实验内容】

1. 羧酸的酸性

(1) 用干净的玻璃棒分别蘸取 10％醋酸、10％甲酸、10％草酸、10％苯酚溶液于 pH 试纸上，观察和记录其 pH 值并解释之。

(2) 在 2 支试管中分别加入 0.1 g 苯甲酸、水杨酸和 1 mL 水，边摇边逐滴加入 5％氢氧化钠溶液至恰好澄清，再逐滴加入 5％盐酸，观察和记录反应现象并解释之。

(3) 在 2 支试管中分别加入 0.1 g 苯甲酸、水杨酸，边摇边逐滴加入 5％碳酸钠溶液，观察和记录反应现象并解释之。

2. 羧酸的酯化反应[1]

在干燥的试管中加入冰醋酸和异戊醇各 1 mL，边摇边逐滴加入 10 滴浓硫酸，将试管放入 60～70 ℃水浴中加热 10 min(勿使管内液体沸腾)，取出试管待其冷却后加入 2 mL 水，注意所生成酯的气味。记录有何气味和现象并解释之。

3. 羧酸的脱羧反应

在 2 支干燥的试管中，分别加入 1 g 草酸、水杨酸，用带导管的塞子塞紧，将试管口略向下倾斜地夹在铁架上,将导管出口插入盛有 1 mL 饱和石灰水的试管中,然后用直火加热,观察和记录反应现象并解释之。实验结束时,先移去石灰水试管,再移去火源,以防石灰水倒吸入灼热的试管中而使试管炸裂。

4. 羧酸的氧化反应

(1) 在洁净的试管中,加入 10 滴 10% 甲酸,边摇边逐滴加入 5% 氢氧化钠溶液至呈碱性,再加入 10 滴新配制的托伦试剂,水浴加热,观察和记录反应现象并解释之。

(2) 在 3 支试管中分别加入 1 mL 10% 甲酸、10% 醋酸、10% 草酸,边摇边逐滴加入 0.05% 高锰酸钾溶液,若不褪色,将 3 支试管同时放入水浴中加热,观察和记录反应现象并解释之。

5. 羧酸衍生物的水解反应

1) 酰卤的水解[2]

在盛有 1 mL 水的试管中,沿管壁慢慢加入 5 滴乙酰氯,略加摇动,观察和记录反应现象并解释之。待反应结束后,再加入 2 滴 2% 硝酸银溶液,观察有何变化。

2) 酸酐的水解

在盛有 1 mL 水的试管中,加入 5 滴乙酸酐,摇匀后,在温水浴中加热数分钟,用红色石蕊试纸测试,记录有何气味和现象并解释之。

3) 酯的水解

在 3 支试管中,各加入 1 mL 乙酸乙酯,第一支试管加入 1 mL 水,第二支试管中加入 1 mL 稀硫酸,第三支试管中加入 1 mL 10% 氢氧化钠溶液,摇匀后将 3 支试管同时放入 60～70 ℃水浴中,边摇边观察混合溶液是否变澄清,试解释之。

4) 酰胺的水解

在 2 支试管中,各加入 0.5 g 乙酰胺,在一支试管中加入 1 mL 10% 氢氧化钠溶液,在另一支试管中加入 1 mL 稀硫酸,煮沸,并将湿润的红色石蕊试纸放在试管口,记录有何气味和现象并解释之。

6. 羧酸衍生物的醇解反应

1) 酰卤的醇解

在干燥的试管中加入 15 滴无水乙醇,边摇边逐滴加入 10 滴乙酰氯,待试管冷却后,慢慢加入 2 mL 饱和碳酸钠溶液,静置后观察现象并嗅其气味。

2) 酸酐的醇解

在干燥的试管中,加入 15 滴无水乙醇和 10 滴乙酸酐,再加入 1 滴浓硫酸,振摇,待试管冷却后,慢慢加入 2 mL 饱和碳酸钠溶液,静置后观察现象并嗅其气味。

【主要技术与注意事项】

[1] 酯化反应温度不能过高,若超过乙酸异戊酯和异戊醇的沸点,会引起两者挥发,使反应现象不明显。

[2] 乙酰氯很活泼,与水或醇反应均较剧烈,应注意安全。试管口不能对着人,特别不能对着眼睛。

【参考学时】

4 学时。

【预习要求】

羧酸均有酸性,与碱作用生成羧酸盐。羧酸的酸性比盐酸和硫酸弱,但比碳酸强,因此可与碳酸钠或碳酸氢钠成盐而溶解。饱和一元羧酸中甲酸的酸性最强,二元羧酸中草酸的酸性最强。羧酸和醇在浓硫酸的催化下发生酯化反应,生成有香味的酯。在适当的条件下,羧酸可发生脱羧反应。甲酸分子中含有醛基,具有还原性,可被高锰酸钾或托伦试剂氧化。由于两个相邻羧基的相互影响,草酸易发生脱羧反应和被高锰酸钾氧化。

羧酸衍生物一般指酯、酸酐、酰卤和酰胺类化合物。它们的分子中都含有酰基,因而具有相似的化学性质,如都可发生水解、醇解和氨(胺)解反应。酰基上所连的基团不同,其反应活性不同,其活性顺序为

$$酰卤 > 酸酐 > 酯 > 酰胺$$

【实验思考题】

(1) 做脱羧实验时,若将过量的二氧化碳通入石灰水中,将会出现什么现象?

(2) 甲酸是一元羧酸,草酸是二元羧酸,它们都有还原性,可以被氧化。其他的一元羧酸和二元羧酸是否也能被氧化?

(3) 为什么酯、酰卤、酸酐、酰胺的水解反应速率不同?

项目六　胺的性质

【实验目的】

(1) 掌握脂肪族胺和芳香族胺化学反应的共同点和不同点。

(2) 掌握甲胺的制法。

(3) 学会用简单的化学方法区别脂肪族和芳香族的伯胺、仲胺、叔胺。

【仪器及药品】

1. 仪器

试管、烧杯、酒精灯、试管夹、分液漏斗、锥形瓶、蒸馏烧瓶等。

2. 药品

乙酰胺、溴、无水乙醇、β-萘酚、苯磺酰氯(或对甲苯磺酰氯)、浓盐酸、氢氧化钠、亚硝酸钠、苯胺、二苯胺、饱和重铬酸钾水溶液、20%硫酸、N-甲基苯胺、N,N-二甲基苯胺、新制甲胺、二乙胺、三乙胺、饱和溴水、氯仿、10%氢氧化钾乙醇溶液等。

【实验内容】

1. 甲胺盐酸盐的制备

在 250 mL 锥形瓶中,放 7.5 g 干燥的乙酰胺和 18.5 g(6 mL)溴;将锥形瓶放在冷水浴中冷却,在振摇下,将 66 mL 10%氢氧化钠溶液分数次加到上述混合物中,此时由于生成乙酰溴胺,溶液呈现淡黄色。若有固体沉淀,则加少量的水使之溶解。

将 12.5 g 氢氧化钠溶于 75 mL 水中,然后倒入蒸馏烧瓶,同时放入少量的碎瓷片,分液漏斗中放乙酰溴胺溶液。加热使蒸馏烧瓶中溶液的温度升到 60～70 ℃,从分液漏斗中慢慢将乙酰溴胺溶液滴入蒸馏烧瓶中,并振荡。由于反应是放热的,当溶液温度超过 75 ℃时应停止加热。

当所有乙酰溴胺溶液加完后，慢慢加热使溶液微微沸腾，此时甲胺和水蒸气一起蒸出。蒸馏开始的 5 min，收集甲胺于 25 mL 的蒸馏水中，继续蒸馏，改用 25 mL 稀盐酸（1∶1）收集蒸出的甲胺。当馏出液加上原来稀盐酸的量达到 50 mL 时，蒸馏可以停止。

将甲胺盐酸盐溶液转移到小圆底烧瓶中，加入 20 mL 无水乙醇，装上空气冷凝管，加热煮沸 5 min，过滤，将甲胺盐酸盐与不溶解的少量氯化铵分开，滤液放在蒸发皿中于水浴上蒸干，得白色固体的甲胺盐酸盐。

2. 碱性实验

（1）取一支试管，加入 1～2 滴苯胺和 0.5 mL 水，振荡试管，观察现象，然后滴加 1～2 滴浓盐酸，振荡，观察结果，再用水稀释，注意观察稀释后的现象。

（2）取一支试管，加入数粒二苯胺晶体和 0.5～1 mL 无水乙醇，振荡试管使二苯胺完全溶解，然后加入 0.5～1 mL 水，振荡，观察现象[1]，再滴加浓盐酸，振荡，观察溶液是否转为透明，最后用水稀释，观察结果。用脂肪族的二乙胺和三乙胺做对比实验。比较芳胺和脂肪胺的碱性。

3. 芳胺的氧化

在试管中加 6 mL 蒸馏水，滴加 1 滴苯胺，振荡使其溶解。取此水溶液 2 mL，加饱和重铬酸钾水溶液 2～3 滴，再加 20% 硫酸 0.5 mL，观察变化[2]。

4. 苯胺的溴代反应

取上述苯胺水溶液 2 mL，滴加饱和溴水数滴，观察现象。

5. 兴斯堡实验

在试管中，放入 0.1 mL 液体胺或 0.1 g 固体胺、5 mL 10% NaOH 溶液及 3 滴苯磺酰氯，塞住试管口，剧烈振摇 3～5 min，除去塞子，振摇下在水浴上温热 1 min，冷却溶液，用 pH 试纸检验溶液是否仍呈碱性，若不呈碱性，应加氢氧化钠使呈碱性，观察现象，观察有无固体或油状物析出。

若溶液中无沉淀析出，加稀盐酸（6 mol/L）酸化并用玻璃棒摩擦试管壁后，析出沉淀的为伯胺。

若溶液中析出沉淀或油状物，加盐酸酸化后不溶解，则为仲胺。

若溶液仍为油状物，加浓盐酸后，溶解为澄清溶液，则为叔胺。

样品中的苯胺、N-甲基苯胺、N,N-二甲基苯胺，也可用脂肪族甲胺、二乙胺、三乙胺做对比实验，也可以用对甲基苯磺酰氯代替苯磺酰氯。

6. 与亚硝酸反应

1）伯胺的反应

取 2 mL 脂肪族伯胺放入试管中，加盐酸使成酸性，然后滴加 5% 亚硝酸钠溶液，观察有无气泡放出，液体是否澄清。

取 0.5 mL 苯胺放于另一支试管中，加 2 mL 浓盐酸和 3 mL 水，将试管放在冰浴中冷却至 0 ℃，再取 0.5 g 亚硝酸钠溶于 2.5 mL 水中，用冰浴冷却后，慢慢加入含苯胺盐酸盐的试管中，随加随搅拌，直至溶液对碘化钾淀粉试纸呈蓝色为止。此为重氮盐溶液。

（1）重氮盐的分解：取 1 mL 重氮盐溶液，放在 50～60 ℃ 水浴中加热，观察有什么现象发生,注意是否有苯酚的气味。取出一小部分反应液,滴加饱和溴水,观察现象。与脂肪族伯胺和亚硝酸的反应现象有何不同?

(2)偶合反应:再取 1 mL 重氮盐溶液,加入数滴 β-萘酚溶液[3],观察有无橙红色沉淀生成。

2) 仲胺的反应

取 1 mL N-甲基苯胺及 1 mL 二乙胺,分别盛于试管中,各加 1 mL 浓盐酸、2.5 mL 水。把试管浸在冰浴中冷却至 0 ℃。再取两支试管,分别加入 0.75 g 亚硝酸钠和2.5 mL 水溶解。把两支试管中的亚硝酸钠溶液分别慢慢加入上述盛有仲胺盐酸盐的溶液中,并随时振荡,观察有无黄色物生成。

3) 叔胺的反应

取 N,N-二甲苯胺及三乙胺重复 2)的实验,结果如何?

利用上述实验可区别胺的类型,具体如下。

(1)放出氮气,得到澄清液体,表示为脂肪族伯胺。

(2)有黄色油状物或固体析出,加碱后不变色,表示为仲胺,加碱至呈碱性时转变为绿色固体,表示为芳香叔胺[4]。

(3)不放出气体,得到澄清液体;加入数滴 β-萘酚溶液溶于 5％氢氧化钠溶液中,若出现橙红色沉淀,表示为芳香伯胺;无颜色,表示为脂肪族叔胺。

7. 伯胺的成胩反应

取两支试管,分别加入苯胺[5]1 滴、甲胺溶液 2 滴,各加氯仿 3～4 滴和 10％氢氧化钾乙醇溶液 1 mL,加热至沸,闻其有无奇臭(注意胩的毒性很大,不可多嗅! 此实验应在通风橱内进行!)。实验完毕,加少许浓盐酸加热使之分解后弃去。

【主要技术与注意事项】

[1] 二苯胺不溶于水,溶于乙醇,它的盐酸盐仅在有过量的酸存在时才比较稳定,当用水稀释时,二苯胺盐酸盐就水解并析出二苯胺沉淀。

[2] 苯胺易被氧化,因氧化剂的性质和反应条件不同,氧化产物可能是偶氮苯、亚硝基苯等。用重铬酸钾和硫酸作氧化剂时,苯胺最终被氧化成黑色。

[3] β-萘酚溶液的配制:取 0.1 g β-萘酚,溶于 1 mL 5％氢氧化钠溶液中。

[4] 凡是在苯环对位处无取代基的芳香叔胺,均可与亚硝酸发生取代反应。如果盐酸过量,则形成盐酸盐沉淀,溶液中可能出现黄色或紫色。

[5] 苯胺有毒,与皮肤接触或吸入其蒸气都会引起中毒。据测定,空气中含百万分之一的苯胺,人就会有中毒现象。苯胺使人中毒,主要是由于它能使血色素变质,于是出现脸色苍白、血压升高、呼吸不规律、痉挛等症状,严重时造成再生障碍性贫血。使用时要注意。

【参考学时】

4 学时。

【预习要求】

(1)了解脂肪胺和芳胺的结构与化学性质的关系。

(2)了解重氮盐的制法与性质。

(3) 掌握脂肪族伯胺、仲胺、叔胺和芳香族伯胺、仲胺、叔胺的鉴别方法。

【实验思考题】

(1) 比较苯胺与二苯胺的碱性,二乙胺与二苯胺的碱性,并解释之。

(2) N-甲基苯胺中混有少量苯胺和 N,N-二甲基苯胺,怎样将 N-甲基苯胺提纯?

(3) 在苯胺与亚硝酸作用的实验中,为什么要用碘化钾淀粉试纸测定反应终点?

项目七　杂环化合物的性质

【实验目的】

(1) 掌握杂环化合物的化学性质。

(2) 掌握杂环化合物的鉴别方法。

【仪器及药品】

1. 仪器

试管、烧杯、酒精灯、试管夹、带软木塞的导管等。

2. 药品

1％三氯化铁溶液、0.5％高锰酸钾溶液、5％碳酸钠溶液、饱和苦味酸溶液、10％鞣酸溶液、0.5％吲哚醌的乙醇溶液、20％醋酸、吡咯、吡啶、喹啉、嘌呤、噻吩、烟碱[1]、5％氯化汞溶液、浓盐酸、碘化汞钾溶液、粗苯、浓硫酸等。

【实验内容】

1. 吡咯、吡啶、喹啉、嘌呤、烟碱的性质

取 5 支试管,各加 1 mL 水,再分别加 4 滴吡啶、喹啉、吡咯、烟碱和 0.1 g 嘌呤,振荡促使其溶解,用其清亮的水溶液做以下实验。

1) 碱性的比较

(1) 分别取以上 5 种溶液 1 滴于红色石蕊试纸上,观察有何变化。

(2) 取 5 支试管,分别加以上 5 种水溶液 2 滴,然后加 4 滴 1％三氯化铁溶液,观察颜色的变化[2]。

2) 氧化反应

取 5 支试管,分别加以上 5 种水溶液 1 滴,然后各加 1 滴 0.5％高锰酸钾溶液和 1 滴 5％碳酸钠溶液,摇动试管,有何变化? 把没有变化和变化不大的放在沸水浴中加热,这时又有何变化?

3) 成盐

(1) 与苦味酸成盐:取 5 支试管,各加 1 mL 饱和苦味酸溶液,然后分别滴加以上 5 种水溶液 2 滴,振荡试管,观察现象。

(2) 与鞣酸[3]成盐:取 5 支试管,各加 4 滴 10％鞣酸溶液,然后分别滴加以上 5 种水溶液 2～5 滴,摇动试管,有何现象?

(3) 与氯化汞、碘化汞钾成盐:取 0.5 mL 吡啶试液和喹啉试液,分别置于两支试管中,然后各加入同体积的 5％氯化汞溶液,观察是否有松散的白色沉淀生成(这是什么?)。加入 1～2 mL 水后,结果怎样? 再加入 0.5 mL 浓盐酸后,沉淀溶解了吗? 试解释之。

　　另取 0.5 mL 烟碱试液,滴入一滴 20％醋酸和几滴碘化汞钾溶液[4],观察有无黄色沉淀生成。

　　2. 噻吩的磺化[5]

　　(1) 取含有噻吩的粗苯 0.5 mL 加入试管中,加 2 滴 0.5％靛哚醌的乙醇溶液,再沿管壁加浓硫酸 0.5 mL,观察现象。

　　(2) 另取含噻吩的粗苯 1 mL 加入试管中,再加 1 mL 浓硫酸,充分振荡,静置分层后,用吸管将浓硫酸吸出,在剩余的苯中加 2 滴靛哚醌的乙醇溶液并沿管壁加 0.5 mL 浓硫酸,观察现象。

【主要技术与注意事项】

　　[1] 烟碱:又名尼古丁,国产烟叶中含烟碱 1％～4％,最高含 10％～12％。烟碱极毒,少量能引起中枢神经的兴奋,使血压升高,大量即抑制中枢神经系统,使心脏停搏致死。成人口服致死剂量为 40～60 mg(约 1 滴)。吸烟者夹烟的手指甲和皮肤为褐色,牙齿变黄,不是烟熏的,而是褐色烟碱与其作用的结果。其结构式为

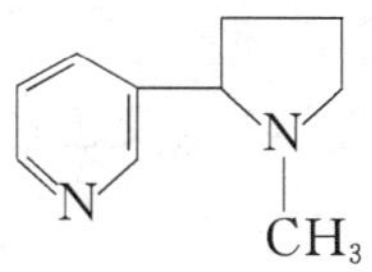

　　[2] 三氯化铁在水中以下面的平衡形式存在,加入碱性物质使平衡向右移动,即三氯化铁水解成棕色的氢氧化铁沉淀。

$$FeCl_3 + 3H_2O \Longleftrightarrow Fe(OH)_3 + 3HCl$$

另外,遇到强还原剂时,三价铁也可以被还原成二价铁。

　　[3] 鞣酸近似的结构式为

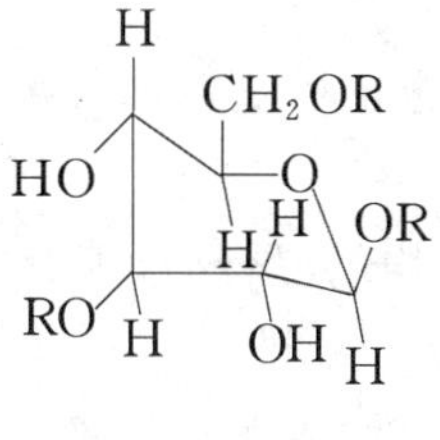

其中:

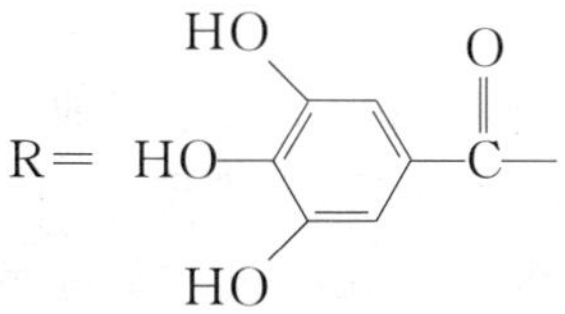

　　[4] 碘化汞钾(K_2HgI_4)溶液的配制方法:把 5％ KI 溶液逐滴加入 5％ $HgCl_2$ 溶液中,加至初生成的红色沉淀(HgI_2)完全溶解时为止。

　　[5] 噻吩和靛哚醌在硫酸作用下发生蓝色反应,可用来检验苯中的噻吩。

【参考学时】

　　4 学时。

【预习要求】

　　(1) 了解某些五元杂环吡咯、噻吩的结构,六元杂环吡啶的结构及稠杂环的结构。

(2) 了解五元杂环、六元杂环及稠杂环的化学性质。

(3) 了解生物碱的提取方法。

【实验思考题】

(1) 吡啶、喹啉和烟碱为什么均具有碱性? 哪一个碱性强些? 为什么? 与三氯化铁反应的实验说明什么问题?

(2) 用化学方法将下列混合物中的少量杂质除去:①粗苯中含少量噻吩;②甲苯中混有少量吡啶;③吡啶中含少量的六氢吡啶。

(3) 何谓生物碱试剂? 它是指哪些试剂?

(4) 没有烟碱,能否从烟草中提取? 如何提取?

项目八　糖类化合物的性质

【实验目的】

(1) 掌握单糖、二糖及多糖的化学性质。

(2) 掌握单糖、二糖及多糖的鉴别方法以及还原糖和非还原糖的鉴别方法。

【仪器及药品】

1. 仪器

试管、烧杯、酒精灯、试管夹、带软木塞的导管等。

2. 药品

费林试剂、托伦试剂、本尼迪克特试剂、铜氨试剂、α-萘酚、95%乙醇、苯肼试剂、硝酸、间苯二酚、碘、浓硫酸、浓盐酸、硫酸铅、葡萄糖、果糖、麦芽糖、蔗糖、淀粉、纤维素等。

【实验内容】

1. 费林试剂、本尼迪克特试剂和托伦试剂检出还原糖[1]

1) 与费林试剂反应

取费林试剂 A 和 B 各 2.5 mL 均匀混合后,等分为五份,分别置于试管中,加热煮沸后,分别滴入样品 0.5 mL,观察并比较结果。

样品:2%的葡萄糖溶液、果糖溶液、麦芽糖溶液、蔗糖溶液、淀粉溶液。

2) 与本尼迪克特试剂反应

取 5 支试管,标明号码。在每支试管中加入本尼迪克特试剂 5 mL。用小火微微加热至沸腾。分别加入 2%葡萄糖溶液、果糖溶液、麦芽糖溶液、蔗糖溶液、淀粉溶液各 10 滴。在沸水浴中加热 2~3 min,放冷,观察有无红色或黄绿色沉淀产生。尤其应注意蔗糖溶液和淀粉溶液的实验结果。解释所观察到的现象。

3) 与托伦试剂作用

取 4 支管壁干净的试管,标明号码。分别加入托伦试剂,再分别加入 0.5 mL 2%葡萄糖溶液、果糖溶液、麦芽糖溶液和蔗糖溶液。将此 4 支试管浸在 60~80 ℃热水浴中加热几分钟,观察并比较结果,并加以解释。

2. 莫立许实验——α-萘酚实验检出糖

取一支试管,加入 2 mL 10%糖溶液,加入 2 滴莫立许试剂[2]并振荡,由于析出 α-萘酚,故溶液混浊。在另一支试管里加入 5 mL 浓硫酸。把盛糖的试管倾斜成 45°,把硫酸沿试管壁徐徐地加入糖溶液中,硫酸和糖明显分为两层,观察两层之间有无紫色环出现。若数分钟内无颜色,可在水浴中温热,再观察结果。

样品:10%葡萄糖溶液、果糖溶液、麦芽糖溶液、蔗糖溶液、淀粉溶液。

3. 糖类物质的水解

1)蔗糖的水解

取一支试管,加入 10%蔗糖溶液 8 mL,再加两滴浓盐酸,煮沸 3~5 min,冷却后,用 10%氢氧化钠溶液中和,等分为两份,其中一份加入 2 mL 本尼迪克特试剂,加热,有什么现象?另一份做糖脎生成的实验。

2)淀粉的水解和碘实验

(1)碘实验。向 1 mL 胶淀粉溶液[3]中加入 9 mL 水,充分混合。往此稀溶液中加入两滴碘试剂[4]。此时,溶液中大约含有 0.07%的淀粉,由于淀粉与碘反应形成分子复合物而呈蓝色。将此蓝色溶液每次稀释十倍(即每次用 1 mL 溶液加 9 mL 水),直到蓝色变得很浅。粗略地推测此时淀粉的浓度,大约是百万分之几。也就是说,当淀粉在百万分之几的浓度时,仍能给出碘实验的正性结果。将碘实验呈正性结果的溶液加热,结果如何?放冷后,蓝色是否复现?解释之。

(2)淀粉用酸水解。在 100 mL 小烧杯中加 50 mL 胶淀粉溶液,加 4~5 滴浓盐酸。在水浴上加热,每隔 5 min 从试管中取出少量液体做碘实验,直到不再起碘反应为止(约 30 min)。先用稀碱中和,再用托伦试剂实验,观察有何现象,解释之。

(3)淀粉用淀粉酶水解。在一洁净的 100 mL 小烧杯里,加入 5 mL 胶淀粉溶液,加入 1~2 mL 唾液并充分混合。把烧杯置于 38~40 ℃水浴上加热 20 min 或稍长些时间(在水解过程中,可以取几次水解液做碘实验检查)。此水解液用托伦试剂检出还原糖,有何现象?解释之。

4. 糖脎的生成、晶形的观察和糖脎生成的时间

为了比较生成糖脎所需要的时间,药品用量要准确,并同时进行实验。

取 4 支试管,标明号码。其中 3 支试管各盛水 4 mL,分别溶解 0.2 g D-葡萄糖、D-果糖和蔗糖,另一支试管加 4 mL 蔗糖水解液。再分别加入 4 mL 苯肼试剂[5],充分振荡此溶液。将试管放在沸水浴中加热,不断振荡。观察并记录试管中形成糖脎所需要的时间[6],若 20 min 后仍无结晶析出,取出试管,放冷后再观察(二糖的脎溶于热水中,直到溶液冷却才析出沉淀)。

为了观察糖脎的结晶(图 4-8-1),让溶液慢慢冷却到室温(迅速冷却可能引起糖脎的结晶变形)。用一宽口的滴管转移一滴含有糖脎的悬浮物的溶液到显微镜载玻片上,用低倍显微镜(80~100 倍)观察结晶,与已知的糖脎做比较。

5. 间苯二酚溶液[7]实验检出酮糖[8]

取 4 支试管,标上记号,分别加入间苯二酚溶液 2 mL,再分别加入 1 mL 2%果糖溶液、葡萄糖溶液、麦芽糖溶液和蔗糖溶液,混匀,于沸水浴中加热 1~2 min,观察颜色有何变化。加热 20 min 后,再观察,并解释所观察到的现象。

 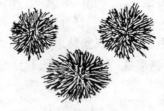 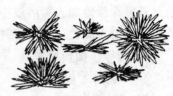

(a) 葡萄糖脎　　　　　　(b) 乳糖脎　　　　　　(c) 麦芽糖脎

图 4-8-1　糖脎的晶形

6. 纤维素的性质实验

1) 硝酸纤维素的制备

取一支大试管,加入 4 mL 硝酸,在振荡下小心加入 8 mL 硫酸。冷却,把一小团棉花用玻璃棒浸入混酸中,再将试管放在 60~70 ℃ 热水浴中加热,加热时用玻璃棒搅动使之充分硝化。5 min 后,用玻璃棒挑出棉花,放在烧杯里用水充分洗涤数次,再在流水下冲洗,洗时用手指把棉花撕开,洗完后,把水挤干,用滤纸吸干,放在表面皿上在水浴上干燥[9],得浅黄色、干燥的硝酸纤维素(即火药棉)。把它分成两份。

(1) 用坩埚钳夹取一小块火药棉放到灯焰上,是否立刻猛烈燃烧? 另用一小块棉花点燃之,比较燃烧有何不同。

(2) 无烟火药:在烧杯中,放一些硝酸纤维素,用丙酮润湿成胶状物,晾干后,点燃,有何现象?

(3) 火棉胶(珂珞酊)的制备。把另一块火药棉放在干燥表面皿上,加入 1~2 mL 乙醇-乙醚溶液(体积比 1∶3)。火药棉逐渐膨胀成为黏稠的胶体溶液——火棉胶。将表面皿放在热水浴上,溶剂蒸发后剩下一火药棉薄片。从表面皿上取下后用坩埚钳夹起放在灯焰上点燃。火药棉薄片比火药棉燃烧得慢。

2) 纤维素在铜氨试剂中溶解——铜氨法制人造丝(再生纤维)

在盛有 3~4 mL 透明的铜氨试剂的小烧杯中加入一块折皱的滤纸或一块棉花。用玻璃棒搅拌,使纤维近乎完全溶解,形成很黏的液体。把 1 mL 透明的黏液倾入一支试管中,加入 4~5 mL 水,再把混合液倒在盛有 10~12 mL 盐酸(1∶5)的烧杯里,混合液几乎完全褪色,并析出白色的胶状纤维素沉淀,将加酸后的溶液用本尼迪克特试剂或托伦试剂检查,呈负性结果(因纤维素在此情况下未水解)。把剩下的透明黏液吸入注射器里,然后注入盛有 10~12 mL 盐酸(1∶5)或稀硫酸的烧杯里,可呈丝状。

【主要技术与注意事项】

[1] ① 费林试剂。

费林试剂 A:溶解 7 g 硫酸铜晶体($CuSO_4 \cdot 5H_2O$)于 100 mL 水中。

费林试剂 B:溶解 34.6 g 酒石酸钾钠和 14 g 氢氧化钠于 100 mL 水中。

这两种溶液要分别储藏,使用时取等量试剂 A 及试剂 B 混合。氢氧化铜不溶于水,不易与样品作用,加入酒石酸钾钠,可使氢氧化铜沉淀溶解形成深蓝色的溶液。

$$Cu(OH)_2 + \begin{array}{c} COOK \\ H-OH \\ H-OH \\ COONa \end{array} \longrightarrow \begin{array}{c} H-C----C-OK \\ O \qquad O \\ Cu \\ O \qquad O \\ H-C----C-ONa \end{array} + H_2O$$

②本尼迪克特试剂：取柠檬酸钠 86.5 g 和无水碳酸钠 50 g，溶解于 400 mL 水中。再取 8.2 g 硫酸铜晶体，溶解于 50 mL 水中，慢慢地倒入柠檬酸钠和碳酸钠溶液中，最后用水稀释至 500 mL。如溶液不澄清，则需过滤，本尼迪克特试剂比较稳定，可以保存很久。

医院化验室常用本尼迪克特试剂判断糖尿病患者尿中的含糖量。例如：反应后生成红色沉淀记为"＋＋＋＋"，黄色沉淀记为"＋＋＋"，绿色沉淀记为"＋＋"，蓝色溶液颜色不变为阴性。

③托伦试剂。

方法Ⅰ：取 5% 硝酸银溶液 20 mL，滴加 10% 氢氧化钠溶液 3～4 滴，产生棕色沉淀，在振荡下滴加 2% 氨水，直到析出的沉淀刚好溶解为止，即为托伦试剂。氨水不宜多加，否则会影响试剂的灵敏度。

方法Ⅱ：取 5% 硝酸银溶液 20 mL，滴加氨水，开始出现黑色沉淀，再继续滴加氨水，边滴边摇动试管，直到沉淀刚好溶解为止，得澄清的硝酸银氨溶液。

无论方法Ⅰ或方法Ⅱ，氨的量不宜多，否则会影响试剂的灵敏度。方法Ⅱ较方法Ⅰ的碱性条件弱，在进行糖类实验时，用方法Ⅱ配制的试剂较好。

托伦试剂储存太久，会析出黑色的氮化银沉淀，它受震动时分解，会发生猛烈爆炸，有时潮湿的氮化银也能爆炸。因此托伦试剂应现用现配，不可久存。

[2] 15% α-萘酚的 95% 乙醇溶液的配制：取 5 g α-萘酚，溶于 95% 乙醇溶液中，再加入乙醇使溶液体积为 100 mL。

[3] 胶淀粉溶液的配制：用 15 mL 冷水和 1 g 淀粉充分混合，成一均匀的悬浮物，勿使有块状物存在。将此悬浮物倒入 135 mL 沸水中，继续加热几分钟即得到胶淀粉溶液。

[4] 碘试剂：取 20 g 碘化钾，溶于 100 mL 水中，再加入碘 10 g，搅拌使之溶解。

[5] 苯肼试剂。

配法Ⅰ：取苯肼 10 mL，溶于 100 mL 10% 醋酸溶液中，加入活性炭 1 g，搅拌后过滤，保存于棕色试剂瓶中。

配法Ⅱ：取苯肼盐酸盐 5 g，加入水 160 mL，微热使之溶解，再加入活性炭 0.5～1 g 脱色，过滤，在滤液中加入醋酸钠结晶 9 g，搅拌，溶解后储存于棕色试剂瓶中。

苯肼盐酸盐与醋酸钠经复分解反应生成苯肼醋酸盐，后者是弱酸弱碱盐，在水溶液中强烈分解，生成的苯肼和糖作用形成糖脎。游离的苯肼难溶于水，所以不能直接使用苯肼。苯肼试剂久置后变质，所以也可以改将 2 份苯肼盐酸盐与 3 份醋酸钠混合研匀后，临用时取适量混合物溶于水，直接使用。

[6] 各种糖脎颜色、熔点、糖脎析出时间和比旋光度如表 4-8-1 所示。

表 4-8-1 糖脎的相关性质

糖的名称	析出糖脎所需要的时间	糖脎颜色	糖脎的熔点/℃	比旋光度
果糖	2 min	深黄色结晶	204	−92°
葡萄糖	4～5 min	深黄色结晶	204	+47.7°
麦芽糖	冷后析出	—		+129.0°
蔗糖	30 min(转化生成)	黄色结晶	—	+66.5°

[7] 间苯二酚溶液的配制:取 0.01 g 间苯二酚,溶于 10 mL 浓盐酸和 10 mL 水中,混合均匀即成。

间苯二酚、麝香草酚、二苯胺、樟脑可用来代替 α-萘酚。其他能与糖醛衍生物缩合成有色物质的化合物,也都可以代替 α-萘酚。

此颜色反应是很灵敏的,如果操作不慎,甚至偶尔将滤纸毛或碎片落入试管中,都会得正性结果,但是,正性结果不一定是糖(负性结果肯定不是糖)。例如,甲酸、丙酮、乳酸、草酸、葡萄糖醛酸、鞣酸和邻苯三酚与 α-萘酚试剂也能生成有色的环,但邻苯三酚与 α-萘酚的反应产物用水稀释后颜色即消失。

[8] 酮糖与间苯二酚溶液反应生成红色沉淀。它溶于酒精呈鲜红色。但加热时间过久,葡萄糖、果糖、蔗糖也呈正反应。这是因为麦芽糖或蔗糖在酸性介质下水解生成葡萄糖或葡萄糖和果糖,葡萄糖浓度高时,在酸存在下,能部分转化成果糖。

本实验中应该注意:盐酸和葡萄糖的浓度不要超过 12%。观察颜色反应时加热时间不得超过 20 min。

[9] 纤维素与硝酸和硫酸的混合酸反应时,纤维素分子中的游离羟基与硝酸起酯化反应。在纤维素的分子中,每一个葡萄糖基上有 3 个游离的羟基,用发烟硝酸和硫酸进行硝化时,纤维素完全酯化,制得的产物主要是三硝酸纤维素酯。用浓硝酸和硫酸进行硝化,则得到的产物主要是二硝酸纤维素酯。若用发烟硝酸进行硝化,得到三硝酸纤维素酯,它可按下式进行分解而引起爆炸。

$$2C_6H_7O_2(ONO_2)_3 \longrightarrow 6CO_2 + 6CO + 4H_2O + 3N_2 + 3H_2$$

三硝酸纤维素酯溶于丙酮,干后是无烟火药。

二硝酸纤维素酯溶于乙醚和乙醇的混合溶剂中,形成火棉胶。

【参考学时】

4 学时。

【预习要求】

(1) 了解单糖、二糖、多糖的结构及其主要的化学性质。

(2) 了解还原性糖和非还原性糖的特征。

(3) 了解单糖、二糖、多糖的鉴别方法。

【实验思考题】

(1) 具有何种结构的糖可以形成同样的糖脎?为什么?

(2) 为什么可以利用糖脎反应来鉴别还原糖和非还原糖?

(3) 设计鉴别下列化合物的方案:葡萄糖、果糖、麦芽糖、蔗糖、淀粉。

（4）在糖类的还原性实验中，蔗糖在本尼迪克特试剂或托伦试剂中长时间加热时，有时也能得到正性结果，怎样解释此现象？

（5）糖类物质有哪些特性？糖分子中的羟基、羰基与醇分子中的羟基和醛、酮分子中的羰基有何联系与区别？

项目九 氨基酸和蛋白质的性质

【实验目的】

（1）掌握氨基酸和蛋白质的化学性质。

（2）掌握氨基酸和蛋白质的鉴别方法。

【仪器及药品】

1. 仪器

试管、烧杯、酒精灯、试管夹等。

2. 药品

0.1%茚三酮的乙醇溶液、1%硫酸铜溶液、蛋白质溶液、浓硝酸、蛋白质-氯化钠溶液、饱和硫酸铵溶液、1%硝酸银溶液、1%醋酸铅溶液、10%三氯乙酸溶液、0.5%磺基水杨酸溶液、1%醋酸溶液、饱和苦味酸溶液、10%氢氧化钠溶液、乙醇、0.5%甘氨酸溶液或味精、鸡蛋等。

【实验内容】

1. 茚三酮反应[1]

取2支试管，分别加4滴0.5%甘氨酸溶液和蛋白质溶液[2]，再各加2滴0.1%茚三酮的乙醇溶液，混合均匀后，放在沸水浴中加热，有何现象？

2. 二缩脲反应[3]

取1支试管，加几滴蛋白质溶液和15滴10%氢氧化钠溶液，再加2滴1%硫酸铜溶液，振摇试管，有何现象？

3. 黄蛋白反应[4]

（1）取1支试管，加蛋白质溶液1 mL，加入浓硝酸5滴，有何现象？将试管放入沸水浴中加热，有何变化？冷却后，再逐滴加入10%氢氧化钠溶液直至反应液呈碱性，这时又有何变化？

（2）剪下实验者本人指甲少许，放入一试管中，再加5～10滴浓硝酸，放置10 min后，观察颜色变化。

4. 蛋白质的盐析作用[5]

取1支试管，加5 mL蛋白质-氯化钠溶液[6]和5 mL饱和硫酸铵溶液，混匀。静置10 min，观察球蛋白沉淀析出，过滤，然后在滤液中逐渐加入固体硫酸铵，边加边摇，直至饱和（需硫酸铵1～2 g），此时，清蛋白沉淀析出。

另取1支试管，加2～3 mL水，滴加10滴清蛋白混浊液，摇匀。观察清蛋白混浊液是否变澄清。

5. 蛋白质的变性[7]

1) 热固

取 1 支试管,加 2 mL 蛋白质溶液,然后在沸水浴中加热 5～10 min,有何变化?

2) 重金属盐沉淀蛋白质[8]

取 3 支试管,各加入 1 mL 蛋白质溶液,分别加 2 滴 1％硫酸铜溶液、1％硝酸银溶液和 1％醋酸铅溶液,有何现象? 用水稀释,观察沉淀能否溶解。

3) 有机酸沉淀蛋白质

在 2 支试管中,各加 10 滴蛋白质溶液,然后分别加 10 滴 10％三氯乙酸溶液及 0.5％磺基水杨酸溶液,观察沉淀析出。

4) 生物碱试剂——苦味酸沉淀蛋白质

取 1 支试管,加入 1 mL 蛋白质溶液及 4～5 滴 1％醋酸溶液,再加入 5～10 滴饱和苦味酸溶液[9],观察现象。

【主要技术与注意事项】

[1] 水合茚三酮的结构式为

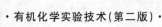

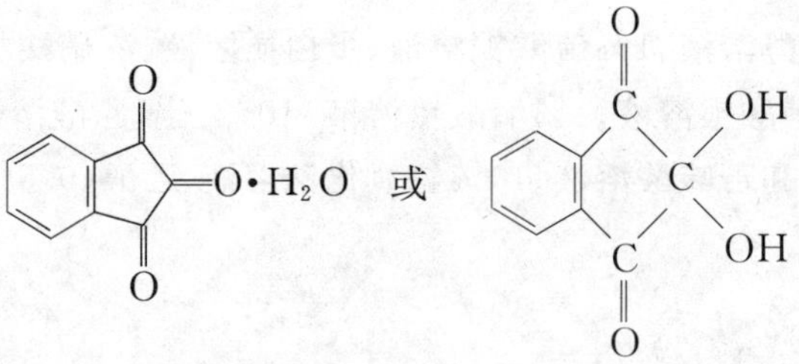

水合茚三酮反应是氨基酸(脯氨酸和羟脯氨酸除外)和蛋白质共有的反应。反应十分灵敏。还原产物与氨和过量的茚三酮进一步缩合,缩合产物系蓝紫色染料,它可经下列互变反应,再与氨形成烯醇式的铵盐,后者在溶液中解离出阴离子,能使反应液的颜色变深。

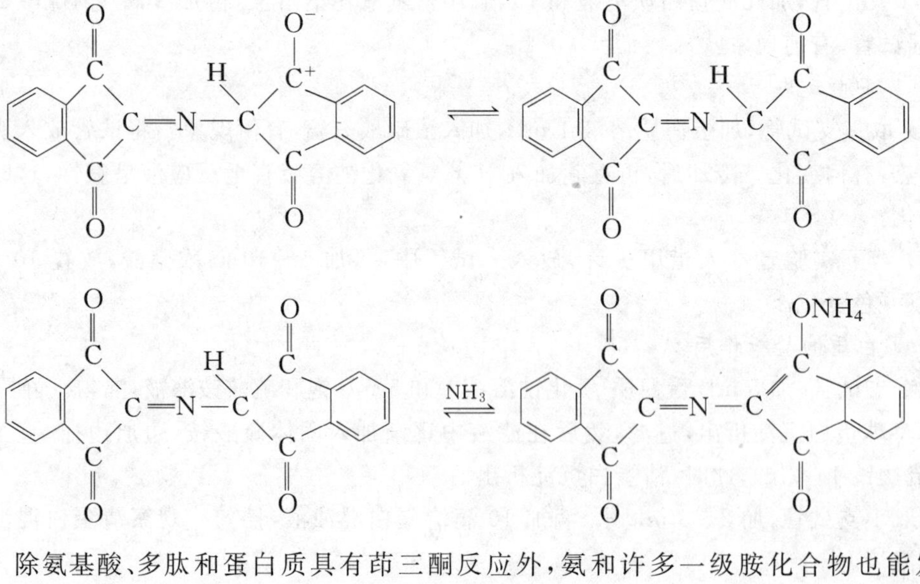

除氨基酸、多肽和蛋白质具有茚三酮反应外,氨和许多一级胺化合物也能发生此

反应。

α-氨基酸与茚三酮试剂也有显色反应,唯其氧化还原反应中伴随发生脱羧,这与蛋白质不同。

反应在 pH＝5～7 溶液中进行最好。相关反应方程式如下:

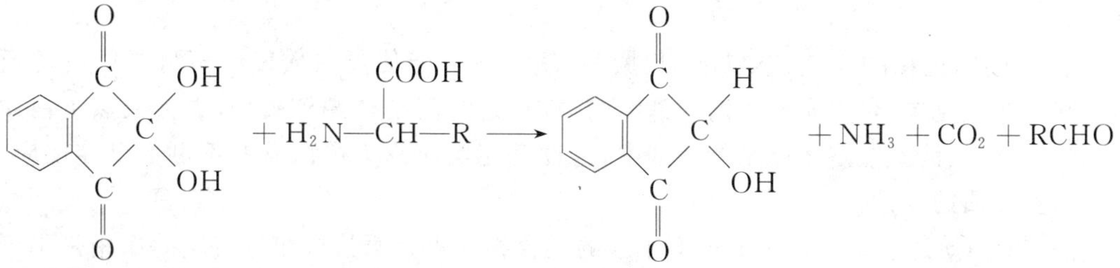

水合茚三酮　　　氨基酸　　　　还原型茚三酮

茚三酮试剂配制后,要在两天内使用,放置过久易变质失效。

[2] 蛋白质溶液:取 25 mL 鸡蛋清,加 100 mL 水,搅匀后,用水浸湿的纱布过滤,即得蛋白质溶液。

[3] 蛋白质和多肽与铜盐在碱性介质中形成有色配合物。这个反应称为双缩脲反应。产物的颜色与肽键数目有关,例如,二肽——蓝色,三肽——紫色,四肽——红色。

蛋白质在双缩脲反应中常显紫色,这显示氨基酸的基团在蛋白质的分子中较多。显色反应是由于生成了铜的配合物,其组成可能如下:

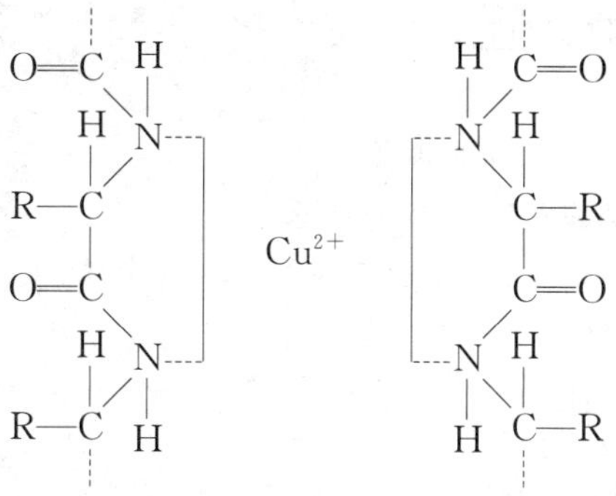

此反应要避免过量的铜盐,以免形成氢氧化铜沉淀,影响所形成的紫色。

[4] 蛋白质分子中若含有苯环,例如含有酪氨酸或色氨酸时,与硝酸作用,可在苯环上引入硝基,使反应液呈鲜黄色。生成的硝基化合物在碱性溶液中变成橙红色,可能是出现了颜色较深的基团,例如蛋白质分子中的酪氨酸在此反应中发生如下变化:

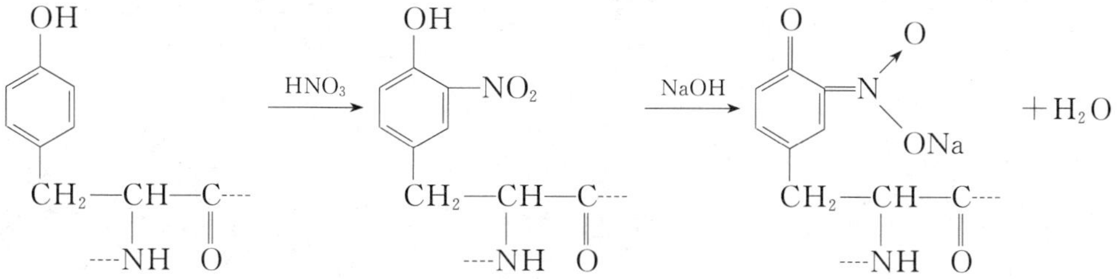

黄色　　　　　　　　　橙红色

[5] 蛋白质盐析的机制可能是蛋白质分子所带的电荷被中和,蛋白质分子被盐脱去

水化层。沉淀析出的蛋白质，化学性质未变，降低盐的浓度时，沉淀仍能溶解。

进行盐析时，不同蛋白质需要的盐的浓度不同，这样可以进行蛋白质的分级盐析。

［6］蛋白质-氯化钠溶液的制备：取两个鸡蛋，将蛋清与 700 mL 蒸馏水及 300 mL 饱和氯化钠溶液混合均匀，通过数层纱布过滤。蛋白质-氯化钠溶液中含有清蛋白和球蛋白。

［7］加热、过量酸或碱、有机溶剂、振荡、超声波等能使蛋白质发生不可逆的沉淀反应。在这些变化中，蛋白质分子的内部结构，特别是空间结构遭到破坏，失去天然蛋白质原来的性质，沉淀不能溶于原来的溶剂中，这种沉淀反应称为蛋白质的不可逆沉淀反应，也称为蛋白质的变性。

［8］蛋白质遇重金属盐生成难溶于水的化合物。重金属盐沉淀蛋白质的作用是不可逆的，然而由于沉淀上吸附有离子，会使它溶于过量的某些沉淀剂中，所以使用醋酸铅或硫酸铜沉淀蛋白质时，不可过量，否则会引起沉淀的再溶解。

［9］不必多加沉淀剂，因为所有沉淀均能溶于过量的试剂中，生物碱试剂沉淀蛋白质的作用显示蛋白质的分子中有杂环的氨基存在。

【参考学时】

4 学时。

【预习要求】

（1）了解氨基酸和蛋白质的结构与化学性质的关系。

（2）了解蛋白质的黄蛋白反应及变性反应。

【实验思考题】

（1）试解释黄蛋白反应中出现的现象。

（2）氨基酸能否发生双缩脲反应？为什么？

（3）为什么鸡蛋清可以用作铅、汞等重金属中毒时的解毒剂？

模块五

创新性实验

项目一　彩色固体酒精的制备

【实验目的】

(1) 掌握彩色固体酒精的制备方法。

(2) 了解彩色固体酒精的制备原理、用途，掌握其制备方法。

【实验原理】

固体酒精制备过程中涉及的主要化学反应如下：

$$C_{17}H_{35}COOH + NaOH \longrightarrow C_{17}H_{35}COONa + H_2O$$

反应后生成的硬脂酸钠是一个长碳链的极性分子，室温下在酒精中不易溶，在较高的温度下，硬脂酸钠可以均匀地分散在液体酒精中，而冷却后则形成凝胶体系，使酒精分子被束缚于相互连接的大分子之间，呈不流动状态而使酒精凝固，形成固体酒精。

【仪器及药品】

1. 仪器

温度计、三口烧瓶、回流冷凝管、水浴锅、电动搅拌器、滴管、50 mL 烧杯、25 mL 量筒等。

2. 药品

硬脂酸、酒精、氢氧化钠、酚酞、硝酸铜等。

【实验内容】

用量筒量取 20 mL 酒精，加入 1 g 硬脂酸、两滴酚酞于三口烧瓶中，在 75 ℃水浴锅中搅拌，直至硬脂酸全部溶解后，立即滴加事先配好的氢氧化钠混合溶液[1]，滴加速度先快后慢，滴至溶液颜色由无色变为浅红又立即褪掉为止。继续维持水浴温度在 70 ℃左右，搅拌回流反应 10 min 后，一次性加入 0.5 mL 10%硝酸铜溶液再反应 5 min，停止加热，冷却至 60 ℃，再倒入模具中(50 mL 烧杯)，自然冷却后得嫩蓝绿色的固体酒精，点燃。

【主要技术与注意事项】

[1] 将氢氧化钠配成 8%的水溶液，然后用工业酒精稀释成 1∶1 的混合溶液。

【参考学时】

2 学时。

【实验思考题】

(1) 固体酒精燃料性能如何评价?

(2) 固体酒精制备中常用的固化剂有哪些?

(3) 提高固体酒精产品质量有什么措施和方法?

(4) 怎样制备你想要的形状和颜色的酒精块?

项目二 从橙皮中提取柠檬烯

【实验目的】

(1) 学习精油的提取方法。

(2) 学习水蒸气蒸馏的原理、用途及操作。

(3) 巩固分液漏斗的使用方法。

【实验原理】

精油是植物组织经水蒸气蒸馏得到的挥发性成分的总称。大部分具有令人愉快的香味,在工业上经常用水蒸气蒸馏的方法来收集精油。柠檬、橙子和柚子等水果果皮通过水蒸气蒸馏得到一种精油,其主要成分(90%以上)是柠檬烯,为环状单萜类化合物,具体结构式如下:

CH₃

H₃C   H

CH₂

【仪器及药品】

1. 仪器

水蒸气蒸馏装置(图 2-3-6)、锥形瓶、分液漏斗等。

2. 药品

新鲜橙皮、二氯甲烷、无水硫酸钠等。

【实验内容】

将新鲜橙皮剪成极小的碎片,称重后投入 50 mL 三口烧瓶中,加入约 10 mL 水、沸石数粒,按图 2-3-6 安装水蒸气蒸馏装置。松开止水夹。加热水蒸气发生器至水沸腾,当 T形管的支管口有大量水蒸气冒出时夹紧止水夹,打开冷凝水,水蒸气蒸馏即开始进行。可观察到在馏出液的水面上有一层很薄的油层。当馏出液收集 60～70 mL 时,松开止水夹,然后停止加热。

将馏出液加入分液漏斗中,每次用 10 mL 二氯甲烷萃取 3 次。合并萃取液,置于干燥的 50 mL 锥形瓶中,加入适量无水硫酸钠干燥半小时以上。

将干燥好的溶液转移入 50 mL 蒸馏瓶中,用水浴加热蒸馏。当二氯甲烷基本蒸完后,最后瓶中只留下少量橙黄色液体即为橙油,且具有鲜果香味。

由样品及精油质量计算精油得率。

【主要技术与注意事项】

(1) 橙皮要新鲜,剪成小碎片。

(2) 水蒸气发生器中一定要配置安全管,安全管下端要接近水蒸气发生器底部以调节内压。水蒸气发生器内的盛水量以其容积的 2/3 为宜,如果太满,沸腾时水将冲至烧瓶。

(3) 水蒸气发生器和蒸馏烧瓶中,都要加入碎瓷片数粒(防止暴沸),才能加热。

(4) 导入水蒸气的玻璃管应尽量接近圆底烧瓶底部,以利提高蒸馏效率。

(5) 在蒸馏过程中,如果有较多的水蒸气因冷凝而积聚在烧瓶中,可以用小火隔着石棉网在烧瓶底部加热。

(6) 在蒸馏过程中,随时关注安全管中水位是否正常。一旦安全管中水位持续上升,应首先打开 T 形管处弹簧夹。

(7) 需中断蒸馏或停止蒸馏前必须先打开螺旋夹,然后移去热源,以免发生倒吸现象。

(8) T 形管夹前后的距离都应尽可能短,以减少水蒸气的冷凝。

【参考学时】

3~4 学时。

【实验思考题】

(1) 水蒸气蒸馏用于分离和纯化有机物时,被提纯物质应该具备什么条件? 蒸气发生器的通常盛水量为多少?

(2) 安全玻璃管的作用是什么?

(3) 蒸馏瓶所装液体体积应为瓶容积的多少? 蒸馏中需停止蒸馏或蒸馏完毕后的操作步骤是什么?

【附注】

柠檬烯的物理常数见表 5-2-1。

表 5-2-1　柠檬烯的物理常数

名称	相对分子质量	性状	n_D^{20}	d_4^{20}	熔点/℃	沸点/℃	溶解性		
							水	醇	醚
柠檬烯	136.24	橙黄色液体	1.47	0.84	−74.35	176	难溶	可溶	易

项目三　制作"香味肥皂"

【实验目的】

(1) 巩固油脂的皂化性质。

(2) 掌握肥皂制备的原理、方法及性质。

(3) 了解盐析的原理和方法。

(4) 了解肥皂的分类及去污原理。

【实验原理】

脂肪或油脂和强碱在一定温度下水解产生一种脂肪酸钠盐和甘油的混合物,把氯化钠加入反应混合物中,通过盐析作用,把产生的脂肪酸钠分离出来。皂化反应方程式如下:

$$
\begin{array}{c}
\text{CH}_2\text{—O—C—R} \\
\quad\quad\quad\| \\
\quad\quad\quad\text{O} \\
\text{CH—O—C—R}' \\
\quad\quad\quad\| \\
\quad\quad\quad\text{O} \\
\text{CH}_2\text{—O—C—R}''
\end{array}
+\text{NaOH} \xrightarrow[\triangle]{\text{皂化反应}}
\begin{array}{c}
\text{CH}_2\text{—OH} \\
\\
\text{CH—OH} \\
\\
\text{CH}_2\text{—OH}
\end{array}
+\text{R}'\text{COONa}+\text{RCOONa}+\text{R}''\text{COONa}
$$

油脂　　　　　　　　　　　甘油　　　　高级脂肪酸钠盐(肥皂)

R 基可能不同,但生成的 R—COONa 都可以做肥皂。常见的 R— 有:

$C_{17}H_{33}$—:8-十七碳烯基。R—COOH 为油酸。

$C_{15}H_{31}$—:正十五烷基。R—COOH 为软脂酸。

$C_{17}H_{35}$—:正十七烷基。R—COOH 为硬脂酸。

【仪器及药品】

1. 仪器

烧杯、量筒等。

2. 试剂

植物油、30 ％氢氧化钠溶液、乙醇、食盐、香精等。

【实验内容】

在一个小烧杯中加入 40 mL 植物油、40 mL 30 ％氢氧化钠溶液和 25 mL 乙醇,并将小烧杯置于盛水的大烧杯中,加热大烧杯,同时搅拌小烧杯中的溶液。约 20 min 后取出小烧杯,直接加热,至溶液变成奶油般的糊状物,向其中加入 40 mL 热的氯化钠饱和溶液并加入适量(几滴)香精,搅拌、静置、冷却,将混合物上层固体取出并用水洗净。倒入模具压紧造型、晾干。

【注意事项】

(1) 皂化时,边摇边加入乙醇,使油脂与碱液混为一相,加速皂化反应的进行,缩短反应时间。

(2) 所用油脂可选硬化油和适量猪油混合使用。

(3) 皂化过程中,取几滴皂化液放入试管中,加 2～5 滴蒸馏水,加热并不断振摇。如果这时没有油滴游离出,则表示皂化已经完全。如果皂化尚未完全,则需将油脂继续皂化,再次检验。皂化完后,将反应混合液倒入食盐水中,利用盐析原理,破坏肥皂胶的水化层,减少肥皂的溶解度,以便肥皂成固体析出,便于过滤和成型。

【参考学时】

2学时。

【实验思考题】

(1) 在制备肥皂的过程中,为何要加入乙醇?

（2）制皂反应的副产物是甘油，如何通过实验检验和分离出甘油？

（3）如何制备橙味肥皂？

项目四　固体胶棒的制备

【实验目的】

（1）了解固体胶棒的成形原理。

（2）掌握固体胶棒各组分的作用。

（3）掌握制备固体胶棒的基本操作。

【实验原理】

固体胶棒或称为固体胶水，是一种用可旋转的管状容器包装的黏合剂。与普通的液态胶水相比，其使用起来更加便利，黏合速度快，不流淌，不黏手，可用于各类纸张的黏合，是一类广泛应用的办公用品。

固体胶棒由黏合剂、赋形剂、保湿剂、香味剂等部分组成。硬脂酸钠是一个长碳链的极性分子，室温下为固体，在较高的温度下，硬脂酸钠可以均匀地分散在聚乙烯吡咯烷酮的水溶液中，冷却后则形成凝胶体系，形成固体胶棒。

本实验采用聚乙烯吡咯烷酮（PVP）为胶棒的黏合剂组分、硬脂酸钠为赋形剂组分、乙二醇为保湿剂组分，制得一种黏接力强、涂抹顺滑、赋形性好、保质期长、无甲醛的 PVP 型固体胶棒。

【仪器与药品】

1. 仪器

磁力搅拌器、烧杯、量筒、胶棒模具等。

2. 试剂

聚乙烯吡咯烷酮、硬脂酸钠、乙二醇等。

【实验内容】

在一小烧杯中放入磁力搅拌子，加入 11 mL 蒸馏水，开动搅拌器，加入 4.4 g 聚乙烯吡咯烷酮（PVP），加热至 95 ℃，至聚乙烯吡咯烷酮全部溶解成无色透明液体。

再加入硬脂酸钠 0.9 g，待其全部溶解后，滴加 0.6 g 乙二醇，继续搅拌，混合均匀后趁热注入模具中，冷却即可得到 PVP 固体胶棒。

【注意事项】

（1）成形时需趁热注入模具，否则凝固成固体。

（2）注入模具时应避免气泡的产生。

【参考学时】

2 学时。

【实验思考题】

（1）固体胶棒黏合剂组分还有哪些？

（2）乙二醇对固体胶棒性能的影响是什么？

（3）硬脂酸钠对固体胶棒性能的影响是什么？

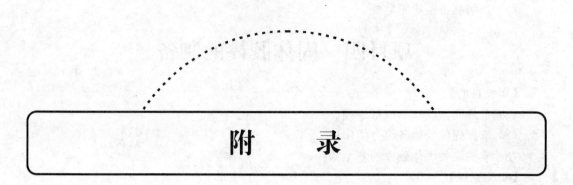

附　录

附录 A　常见化学元素相对原子质量

元素		原子序数	相对原子质量	元素		原子序数	相对原子质量
名称	符号			名称	符号		
氢	H	1	1.00794	氩	Ar	18	39.948
氦	He	2	4.002602	钾	K	19	39.0983
锂	Li	3	6.941	钙	Ca	20	40.078
铍	Be	4	9.012182	钪	Sc	21	44.955910
硼	B	5	10.811	钛	Ti	22	47.88
碳	C	6	12.011	钒	V	23	50.9415
氮	N	7	14.00674	铬	Cr	24	51.9961
氧	O	8	15.9994	锰	Mn	25	54.93805
氟	F	9	18.9984032	铁	Fe	26	55.847
氖	Ne	10	20.1797	钴	Co	27	58.93320
钠	Na	11	22.989768	镍	Ni	28	58.6934
镁	Mg	12	24.3050	铜	Cu	29	63.546
铝	Al	13	26.981539	锌	Zn	30	65.39
硅	Si	14	28.0855	镓	Ga	31	69.723
磷	P	15	30.973762	锗	Ge	32	72.61
硫	S	16	32.066	砷	As	33	74.92159
氯	Cl	17	35.4527	硒	Se	34	78.96

元素		原子序数	相对原子质量	元素		原子序数	相对原子质量
名称	符号			名称	符号		
溴	Br	35	79.904	钆	Gd	64	157.25
氪	Kr	36	83.80	铽	Tb	65	158.92534
铷	Rb	37	85.4678	镝	Dy	66	162.50
锶	Sr	38	87.62	钬	Ho	67	164.93032
钇	Y	39	88.90585	铒	Er	68	167.26
锆	Zr	40	91.224	铥	Tm	69	168.9342
钼	Mo	42	95.94	镱	Yb	70	91.224
钌	Ru	44	101.07	镥	Lu	71	174.967
铑	Rh	45	102.90550	铪	Hf	72	178.49
钯	Pd	46	106.42	钽	Ta	73	180.9479
银	Ag	47	107.8632	钨	W	74	183.85
镉	Cd	48	112.411	铼	Re	75	186.207
铟	In	49	114.82	锇	Os	76	190.2
锡	Sn	50	118.710	铱	Ir	77	192.22
锑	Sb	51	121.757	铂	Pt	78	195.08
碲	Te	52	127.60	金	Au	79	196.96654
碘	I	53	126.90447	汞	Hg	80	200.59
氙	Xe	54	131.29	铊	Tl	81	204.3833
铯	Cs	55	132.90543	铅	Pb	82	207.2
钡	Ba	56	137.327	铋	Bi	83	208.98037
镧	La	57	138.9055	镭	Ra	88	226.0254
铈	Ce	58	140.115	锕	Ac	89	227.0278
镨	Pr	59	140.90765	钍	Th	90	232.0381
钕	Nd	60	144.24	镤	Pa	91	231.0588
钐	Sm	62	150.36	铀	U	92	238.0289
铕	Eu	63	151.965	镎	Np	93	237.0482

附录 B 常用酸碱溶液质量分数、相对密度和物质的量浓度

试剂名称	化学式	质量分数 /(%)	相对密度 /(g/cm³)	物质的量浓度 /(mol/L)
浓硫酸	H_2SO_4	98	1.84	18
稀硫酸		9	1.1	2
浓盐酸	HCl	38	1.19	12
稀盐酸		7	1.0	2
浓磷酸	H_3PO_4	85	1.7	14.7
稀磷酸		9	1.05	1
氢溴酸	HBr	40	1.38	7
氢碘酸	HI	57	1.70	7.5
冰醋酸	HAc	99	1.05	17.5
稀醋酸		30	1.04	5
		12	1.0	2
浓硝酸	HNO_3	68	1.4	16
稀硝酸		32	1.2	6
		12	1.1	2
浓高氯酸	$HClO_4$	70	1.67	11.6
稀高氯酸		19	1.12	—
浓氢氟酸	HF	40	1.13	23
浓氢氧化钠	NaOH	~41	1.44	~14.4
稀氢氧化钠		8	1.1	2
浓氨水	$NH_3 \cdot H_2O$	~28	0.91	14.8
稀氨水		3.5	1.0	2
氢氧化钙水溶液	$Ca(OH)_2$	0.15	—	—
氢氧化钡水溶液	$Ba(OH)_2$	2	—	~0.1

附录 C　水的饱和蒸气压

温度 $T/℃$	饱和蒸气压 p/kPa	温度 $T/℃$	饱和蒸气压 p/kPa	温度 $T/℃$	饱和蒸气压 p/kPa
0	0.61129	29	4.0078	58	18.159
1	0.65716	30	4.2455	59	19.028
2	0.70605	31	4.4953	60	19.932
3	0.75813	32	4.7578	61	20.873
4	0.81359	33	5.0335	62	21.851
5	0.87260	34	5.3229	63	22.868
6	0.93537	35	5.6267	64	23.925
7	1.0021	36	5.9453	65	25.022
8	1.0730	37	6.2795	66	26.163
9	1.1482	38	6.6298	67	27.347
10	1.2281	39	6.9969	68	28.576
11	1.3129	40	7.3814	69	29.852
12	1.4027	41	7.7840	70	31.176
13	1.4979	42	8.2054	71	32.549
14	1.5988	43	8.6463	72	33.972
15	1.7056	44	9.1075	73	35.448
16	1.8185	45	9.5898	74	36.978
17	1.9380	46	10.094	75	38.563
18	2.0644	47	10.620	76	40.205
19	2.1978	48	11.171	77	41.905
20	2.3388	49	11.745	78	43.665
21	2.4877	50	12.344	79	45.487
22	2.6447	51	12.970	80	47.373
23	2.8104	52	13.623	81	49.324
24	2.9850	53	14.303	82	51.342
25	3.1690	54	15.012	83	53.428
26	3.3629	55	15.752	84	55.585
27	3.5670	56	16.522	85	57.815
28	3.7818	57	17.324	86	60.119

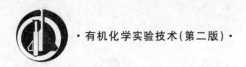

温度 $T/℃$	饱和蒸气压 p/kPa	温度 $T/℃$	饱和蒸气压 p/kPa	温度 $T/℃$	饱和蒸气压 p/kPa
87	62.499	119	192.28	151	488.61
88	64.958	120	198.48	152	501.78
89	67.496	121	204.85	153	515.23
90	70.117	122	211.38	154	528.96
91	72.823	123	218.09	155	542.99
92	75.614	124	224.96	156	557.32
93	78.494	125	232.01	157	571.94
94	81.465	126	239.24	158	586.87
95	84.529	127	246.66	159	602.11
96	87.688	128	254.25	160	617.66
97	90.945	129	262.04	161	633.53
98	94.301	130	270.02	162	649.73
99	97.759	131	278.20	163	666.25
100	101.32	132	286.57	164	683.10
101	104.99	133	295.15	165	700.29
102	108.77	134	303.93	166	717.83
103	112.66	135	312.93	167	735.70
104	116.67	136	322.14	168	753.94
105	120.79	137	331.57	169	772.52
106	125.03	138	341.22	170	791.47
107	129.39	139	351.09	171	810.78
108	133.88	140	361.19	172	830.47
109	138.50	141	371.53	173	850.53
110	143.24	142	382.11	174	870.98
111	148.12	143	392.92	175	891.80
112	153.13	144	403.98	176	913.03
113	158.29	145	415.29	177	934.64
114	163.58	146	426.85	178	956.66
115	169.02	147	438.67	179	979.09
116	174.61	148	450.75	180	1001.9
117	180.34	149	463.10	181	1025.2
118	186.23	150	475.72	182	1048.9

续表

温度 $T/℃$	饱和蒸气压 p/kPa	温度 $T/℃$	饱和蒸气压 p/kPa	温度 $T/℃$	饱和蒸气压 p/kPa
183	1073.0	215	2104.2	247	3776.2
184	1097.5	216	2145.7	248	3841.2
185	1122.5	217	2187.8	249	3907.0
186	1147.9	218	2230.5	250	3973.6
187	1173.8	219	2273.8	251	4041.2
188	1200.1	220	2317.8	252	4109.6
189	1226.1	221	2362.5	253	4178.9
190	1254.2	222	2407.8	254	4249.1
191	1281.9	223	2453.8	255	4320.2
192	1310.1	224	2500.5	256	4392.2
193	1338.8	225	2547.9	257	4465.1
194	1368.0	226	2595.9	258	4539.0
195	1397.6	227	2644.6	259	4613.7
196	1427.8	228	2694.1	260	4689.4
197	1458.5	229	2744.2	261	4766.1
198	1489.7	230	2795.1	262	4843.7
199	1521.4	231	2846.7	263	4922.3
200	1553.6	232	2899.0	264	5001.8
201	1568.4	233	2952.1	265	5082.3
202	1619.7	234	3005.9	266	5163.8
203	1653.6	235	3060.4	267	5246.3
204	1688.0	236	3115.7	268	5329.8
205	1722.9	237	3171.8	269	5414.3
206	1758.4	238	3286.3	270	5499.9
207	1794.5	239	3288.6	271	5586.4
208	1831.1	240	3344.7	272	5674.0
209	1868.4	241	3403.9	273	5762.7
210	1906.2	242	3463.9	274	5852.4
211	1944.6	243	3524.7	275	5943.1
212	1983.6	244	3586.3	276	6035.0
213	2023.2	245	3648.8	277	6127.9
214	2063.4	246	3712.1	278	6221.9

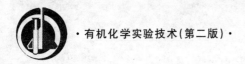

温度 $T/℃$	饱和蒸气压 p/kPa	温度 $T/℃$	饱和蒸气压 p/kPa	温度 $T/℃$	饱和蒸气压 p/kPa
279	6317.2	311	9995.8	343	15152
280	6413.2	312	10133	344	15342
281	6510.5	313	10271	345	15533
282	6608.9	314	10410	346	15727
283	6708.5	315	10551	347	15922
284	6809.2	316	10694	348	16120
285	6911.1	317	10838	349	16320
286	7014.1	318	10984	350	16521
287	7118.3	319	11131	351	16825
288	7223.7	320	11279	352	16932
289	7330.2	321	11429	353	17138
290	7438.0	322	11581	354	17348
291	7547.0	323	11734	355	17561
292	7657.2	324	11889	356	17775
293	7768.6	325	12046	357	17992
294	7881.3	326	12204	358	18211
295	7995.2	327	12364	359	18432
296	8110.3	328	12525	360	18655
297	8226.8	329	12688	361	18881
298	8344.5	330	12852	362	19110
299	8463.5	331	13019	363	19340
300	8583.8	332	13187	364	19574
301	8705.4	333	13357	365	19809
302	8828.3	334	13528	366	20048
303	8952.6	335	13701	367	20289
304	9078.2	336	13876	368	20533
305	9205.1	337	14053	369	20780
306	9333.4	338	14232	370	21030
307	9463.1	339	14412	371	21286
308	9594.2	340	14594	372	21539
309	9726.7	341	14778	373	21803
310	9860.5	342	14964	—	—

附录 D 常用有机溶剂沸点、相对密度和溶解性表

名称	沸点/℃	密度/(g/m³)	溶解性
甲醇	64.96	0.7914	能与水、乙醇、乙醚、苯、酮类和大多数其他有机溶剂混溶
乙醇	78.5	0.7893	能与水、氯仿、甲醇、丙酮和其他多数有机溶剂混溶
丙醇	97.4	0.803	溶于水、乙醇、乙醚、丙酮等,与水形成共沸混合物
正丁醇	117.25	0.8098	与醇、醚、苯混溶
乙醚	34.51	0.7138	溶于低碳醇、苯、氯仿、石油醚和油类,微溶于水
丙酮	56.2	0.7899	能与水、乙醇、N,N-二甲基甲酰胺、氯仿、乙醚及大多数油类混溶
冰醋酸	117.9	1.0492	易溶于水、乙醇、乙醚和四氯化碳
乙酸乙酯	77.06	0.9003	微溶于水,溶于醇、酮、醚、氯仿等多数有机溶剂
二氧六环	101.1	1.0337	与水混溶,可混溶于多数有机溶剂
苯	80.10	0.8787	难溶于水,易溶于有机溶剂
甲苯	110.6	0.8669	与乙醇、乙醚、丙酮、氯仿、二硫化碳和冰醋酸混溶,微溶于水
二甲苯	140.0	0.86	与乙醇、氯仿或乙醚能任意混合,不溶于水
硝基苯	210.8	1.2037	几乎不溶于水,与醇、醚、苯等有机物混溶,对有机物溶解能力强
氯苯	132.0	1.1058	能与醇、醚、脂肪烃、芳香烃和有机氯化物等多数有机溶剂混溶
氯仿	61.70	1.4832	不溶于水,溶于醇、醚、苯
四氯化碳	76.54	1.5940	水溶性:0.8 g/L,微溶于水,易溶于多数有机溶剂
二硫化碳	46.25	1.2632	微溶于水,与多数有机溶剂混溶
乙腈	81.60	0.7854	与水混溶,溶于醇等多数有机溶剂
二甲亚砜	189.0	1.1014	与水、甲醇、乙醇、乙二醇、甘油、乙醛、丙酮、乙酸乙酯、吡啶、芳烃等混溶
二氯甲烷	40.00	1.3266	溶于约 50 倍的水,溶于酚、醛、酮、冰醋酸、磷酸三乙酯、乙酰乙酸乙酯、环己胺
环己酮	155.6	0.95	微溶于水,可混溶于醇、醚、苯、丙酮等有机溶剂
环己烷	80.7	0.78	不溶于水,溶于乙醇、乙醚醚、苯、丙酮等有机溶剂
石油醚	40~90	0.64~0.66	溶于无水乙醇、苯、氯仿、油类等多数有机溶剂

主要参考文献

[1] 高占先,于丽梅.有机化学实验[M].5 版.北京：高等教育出版社,2016.

[2] 兰州大学.有机化学实验[M].4 版.北京：高等教育出版社,2017.

[3] 曾和平.有机化学实验[M].4 版.北京：高等教育出版社,2014.

[4] 北京大学化学系.有机化学实验[M].北京：北京大学出版社,1990.

[5] 周志高,初玉霞.有机化学实验[M].3 版.北京：化学工业出版社,2011.

[6] 李述文,范如霖.实用有机化学手册[M].上海：上海科学技术出版社,1981.

[7] 韩广甸.有机制备化学手册[M].北京：石油化学工业出版社,1977.

[8] 吴云英,谢建新,伍贤学,等.茶叶中咖啡因的提取实验装置的改进与探索[J].大学化学,2019,34 (3)：42-46.

[9] 陈秀丽,高海荣,李新红,等.用恒压漏斗从绿茶中提取天然咖啡因的研究[J].食品研究与开发,2016,37(5)：42-45.